U0814454

全国职业培训推荐教材
人力资源和社会保障部教材办公室评审通过
适合于职业技能短期培训使用

服装制作基本技能
(第二版)

凌 静 主 编

中国劳动社会保障出版社

图书在版编目(CIP)数据

服装制作基本技能/凌静主编. —2版. —北京：中国劳动社会保障出版社，2015
职业技能短期培训教材
ISBN 978-7-5167-1824-7

Ⅰ.①服… Ⅱ.①凌… Ⅲ.①服装缝制-技术培训-教材 Ⅳ.①TS941.63

中国版本图书馆CIP数据核字(2015)第091358号

中国劳动社会保障出版社出版发行
(北京市惠新东街1号 邮政编码：100029)
*
三河市华骏印务包装有限公司印刷装订 新华书店经销
787毫米×1092毫米 16开本 10.25印张 212千字
2015年6月第2版 2021年6月第4次印刷
定价：18.00元

读者服务部电话：(010) 64929211/84209101/64921644
营销中心电话：(010) 64962347
出版社网址：http://www.class.com.cn

前言

职业技能培训是提高劳动者知识与技能水平、增强劳动者就业能力的有效措施。职业技能短期培训，能够在短期内使受培训者掌握一门技能，达到上岗要求，顺利实现就业。

为了适应开展职业技能短期培训的需要，促进短期培训向规范化发展，提高培训质量，中国劳动社会保障出版社组织编写了职业技能短期培训系列教材，涉及二产和三产百余种职业（工种）。在组织编写教材的过程中，以相应职业（工种）的国家职业标准和岗位要求为依据，并力求使教材具有以下特点：

短。教材适合 **15～30** 天的短期培训，在较短的时间内，让受培训者掌握一种技能，从而实现就业。

薄。教材厚度薄，字数一般在 **10** 万字左右。教材中只讲述必要的知识和技能，不详细介绍有关的理论，避免多而全，强调有用和实用，从而将最有效的技能传授给受培训者。

易。内容通俗，图文并茂，容易学习和掌握。教材以技能操作和技能培养为主线，用图文相结合的方式，通过实例，一步步地介绍各项操作技能，便于学习、理解和对照操作。

这套教材适合于各级各类职业学校、职业培训机构在开展职业技能短期培训时使用。欢迎职业学校、培训机构和读者对教材中存在的不足之处提出宝贵意见和建议。

人力资源和社会保障部教材办公室

简介

本书首先简要介绍服装制作基础知识，包括人体测量、服装专业术语与符号、服装面料及辅料、常用手针针法、缝纫基础知识、熨烫基础知识、服装加工常用设备的使用与保养、服装企业岗位职责；然后进入服装制作的主要环节，包括制板、裁剪、缝制和后整理等与服装制作工作实际紧密联系的工作技能。

本书从当前服装制作岗位实际需要出发，针对职业技能短期培训学员的特点，基本不涉及复杂的理论，强化了技能的通用性和实用性。全书联系企业生产实际，注重实用性与代表性，语言通俗易懂，图文并茂，实现理论与实践一体化，通过本书的学习，学员能够达到服装制作相关岗位的技能要求。本书还可供初涉或从事服装制作工作的人参考。

本书由凌静主编，郑美玲、陈顺汝、陈海珍参编。

目录

第一单元　服装制作基础知识

模块一　人 体 测 量

俗话说“量体裁衣”，可见人体测量对服装设计及服装样板制作者的重要性。工业纸样设计通常依所取的规格表来获取必要的尺寸，它是理想化的，也就是不需要进行个别的人体测量。但是，作为服装设计、服装制作、服装制板人员，人体测量是必不可少的知识和技术，而且要懂得服装与人体的关系、人体测量和成衣测量的技术要领与方法。

一、服装与人体

人体是结构制图的基础和依据，要研究服装，首先应了解人体构成。

1．人体体表的主要形态特征

人体的外形分为头、躯干、上肢、下肢四个部分，它们由骨骼、关节、肌肉共同构成。根据人体外形特征和关节活动的特点，可将人体具体划分为头部、颈部、肩部、胸部、腹部、大腿部、膝部、小腿部、踝部、脚部等部位。骨骼是人体的支架，是人体运动的枢纽，肌肉附于骨骼和关节之上，某些骨骼部位是人体测量的基准点。从几何角度来看，人体体表可视为由许多不规则的球面（凸面）和不规则的双曲面（凹面）所组成，如图1—1所示。服装制图的基本结构线及其分片、分缝都是以此为依据设计的。因此，研究人体体表的构成特征将有助于对服装结构的理解。

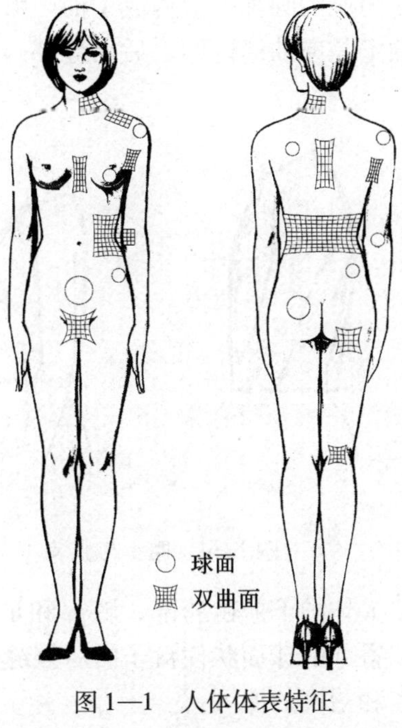

图1—1　人体体表特征

2．人体构成与服装

人体头部呈椭圆形，头长、头围等的尺寸直接关系到帽子的外形和大小。躯干由颈、肩、胸、腹、背、腰等组成，对于人体的总体外形有决定性影响，它是服装设计的重点。颈部将人体的头部和肩部连接起来，基本形状呈上细下粗的圆台状（见图1—2），且前低后高，颈椎点是结构制图中前后身中线的顶点，它与衣身、衣领的结构设计有着密切的关系。

肩是前后衣片的分界线，是服装的主要支撑部分。

肩部的特征决定了服装结构的肩部形状，前肩倾斜度大于后肩，后肩斜线略长于前肩斜线。男性肩部一般宽而平，女性的肩部窄而斜。

胸部、腹部、背部、肩部是躯干的主体部分。男性胸廓发达，背部凹凸变化明显，腰围与臀围差距小，臀部收缩体积小；女性胸部隆起，背部凹凸变化不明显，腰部纤细凹陷，骨盆宽厚，臀部外凸明显。从侧面看，人体由于脊柱弯曲，其整体形成背部凸起、腰部凹陷的S形；从正面看，以腰节为界是上大下小的两个梯形（见图1—3），上、下梯形的重叠线是设计服装腰节线高低的依据，而男、女背部的特征决定了男性后腰节长于前腰节，女性则正好相反，如图1—4所示。

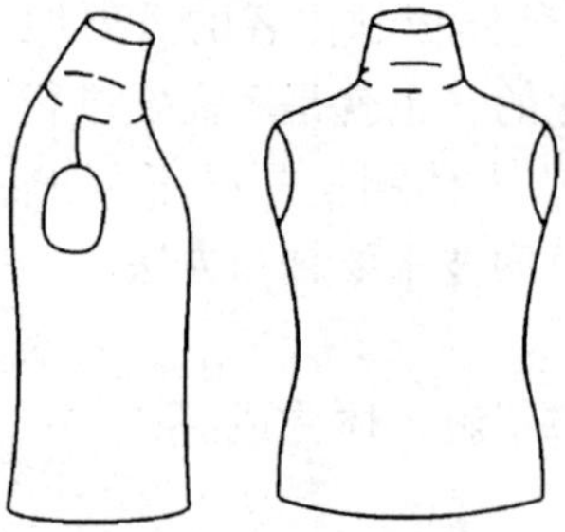

图1—2　颈部结构

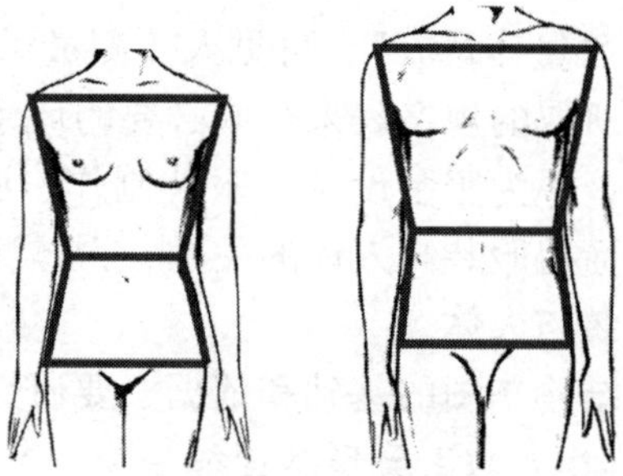

图1—3　躯干结构

上肢与人体肩部相连，分为上臂、下臂和手三部分。上臂与肩相连形成肩关节，它与肩部三角肌的圆浑外形构成了袖山弧线，当上肢自然下垂时，上臂和下臂呈一定角度，反映在衣袖上是前袖缝内凹、后袖缝外凸，如图1—5所示。

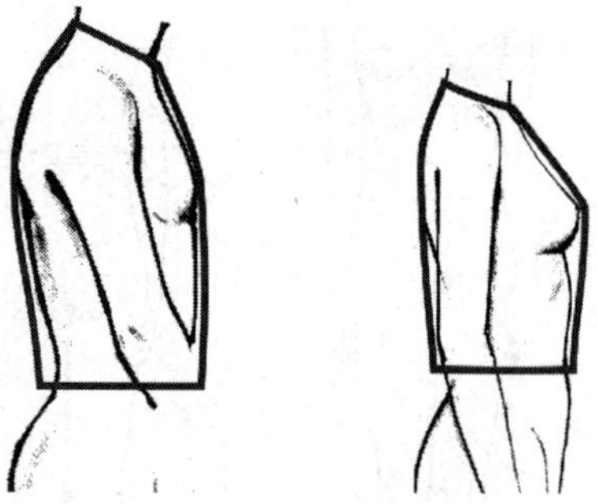

图1—4　躯干与服装

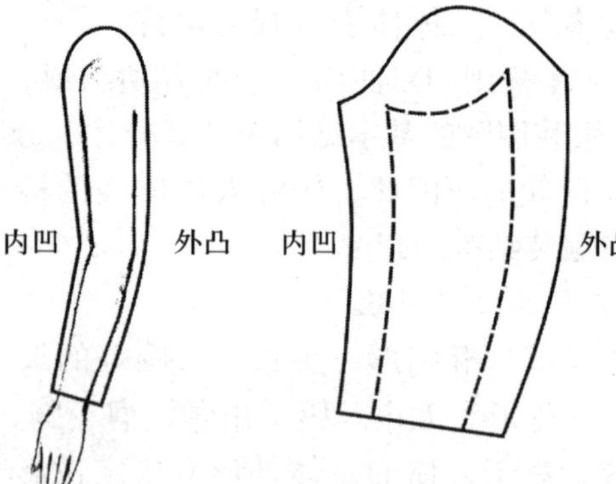

图1—5　上肢与服装

人体的下肢由胯部、腿部和足部组成，由于臀部外凸，决定了裤子的后裆宽大于前裆宽。臀部的球面状使裤子的后裆缝长于前裆缝（见图1—6），臀围和腰围的差量是下装需要收省和褶裥的原因。

二、尺寸测量

服装人体是服装造型的依据，服装的许多部位都能在人体上找到相应的符合部位。服装各部位与人体相应部位的具体尺寸关系对于服装的合体要求至关重要。而确定上述关系的前提就是服装人体与服装成品的科学测量。人体尺寸测量是指通过测量人体各部位的尺寸来确定个体之间和群体之间在人体尺寸上的差别，用以研究人的形态特征，从而为服装设计、服装生产提供基础资料。

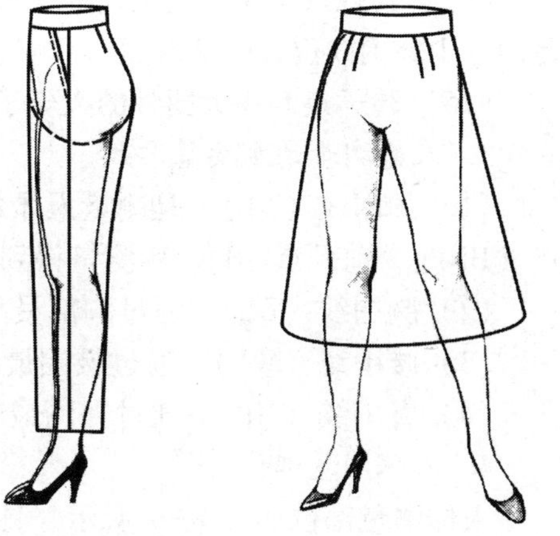

图 1—6　下肢与服装

1. 净尺寸

净尺寸是确定人体基本模型的参数。为了使净尺寸更为准确，被测者要穿紧身服装。净尺寸的另一种解释叫作内限尺寸，即尺寸的最小限度，如胸围、腰围、臀围等围度的测量都不加松量。

净尺寸分为以下两种测量方法：

定点测量：沿着人体表面做两个定点之间的测量。例如，测量围度时先确定测量位置的凹凸点，然后沿着人体表面做水平测量。

长度测量：测量有关各测量点间的直线长度。例如，袖长是肩点、肘点、尺骨点连线之和。

2. 人体测量的基准点

（1）前颈点（FNP）。位于左、右锁骨连接的中点，同时也是颈根部有凹陷的前中点。

（2）颈侧点（SNP）。位于颈根部侧面与肩部交接点，也是耳根垂直向下的点。

（3）后颈点（BNP）。位于人体第七颈椎处，当头部向前倾倒时，很容易触摸到其突出部位。

（4）肩端点（SP）。位于人体左、右肩部的端点，是测量肩宽和袖长的基准点。

（5）胸高点（BP）。胸部最高点，即乳头位置。它是女装结构设计中进行胸省处理时很重要的基准点。

（6）前腋点。位于人体的手臂与胸部的交界处，是测量前胸宽的基准点。

（7）后腋点。位于人体的手臂与背部的交界处，是测量后背宽的基准点。

（8）袖肘点。位于人体手臂的肘关节处，是确定袖弯线凹势的参考点。

（9）膝盖骨点。位于人体的膝关节中央。

（10）踝骨点。脚腕两旁突起的部位。

（11）头顶点。以正确立姿站立时的头部最高点，位于人体中心线上，它是测量总体高的基准点。

（12）茎突点。又称手根点，桡骨下端茎突最尖端的点，是测量袖长的基准点。

（13）外踝点。脚腕外侧踝骨的突出点，是测量裤长的基准点。

(14) 肠棘点。在骨盆位置的上前髂骨棘处，仰面躺下时可触摸到的骨盆最突出的点，是确定中臀围线位置的基准点。

(15) 转子点。在大腿骨的大转子位置，在裙、裤装侧部最丰满处。

3. 人体测量的主要基准线

(1) 颈围线（NL）。是测量人体颈围长度的基准线，通过左、右颈侧点（SNP），后颈点（BNP），前颈点（FNP）测量得到的尺寸。

(2) 胸围线（BL）。通过胸部最高点的水平围度线，是测量人体胸围大小的基准线。

(3) 腰围线（WL）。通过腰围最细处的水平线，是测量人体腰围大小的基准线。

(4) 臀围线（HL）。通过臀围最丰满处的水平线，是测量人体臀围大小的基准线。

4. 人体测量部位

人体测量部位如图 1—7 所示，具体部位解释见表 1—1。

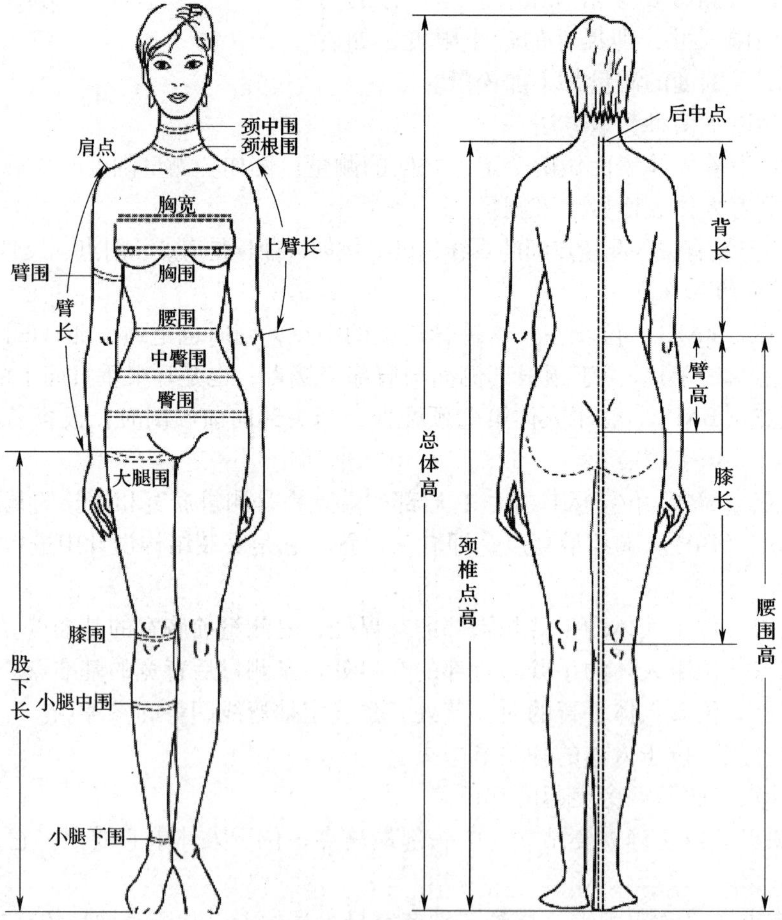

图 1—7　人体测量部位

表 1—1　　　　　　　　　　人体测量部位及其含义

序号	测量部位	含　义
1	总体高	人体呈立姿时从头顶点垂直向下量至地面的距离
2	身高	从第七颈椎点垂直向下量至地面的距离
3	背长	从第七颈椎点垂直向下量至腰围中央的长度
4	前腰节长	由肩颈点通过胸高点量至腰围线的距离
5	颈椎点高（即身高）	从第七颈椎点到地面的垂直距离
6	坐姿颈椎点高	人坐在椅子上，从第七颈椎点垂直量到椅面的距离
7	乳位高	由肩颈点向下量至乳头点的体表长度
8	腰围高	从腰围线中央垂直量到地面的距离，是设计裤长的依据
9	臀高	从体后腰围线向下量至臀部最高点的距离
10	股上长	从体后腰围线量至臀沟的垂直距离
11	股下长	从臀沟向下量至地面的距离
12	臂长	从肩端点向下量至茎突点的距离
13	上臂长	从肩端点向下量至肘点的距离
14	手长	从茎突点向下量至中指指尖的长度
15	膝长	从体前腰围线量至膝盖中点的长度
16	腰围	经过腰部最细处水平围量一周的长度
17	臀围	在臀部最丰满处水平围量一周的长度
18	中臀围	在腰围与臀围中间位置水平围量一周的长度
19	头围	通过前额中央、耳上方和后枕骨，在头部围量一周的长度
20	基本领围	通过肩颈点、第七颈椎点、前颈窝点，在人体颈部围量一周的长度
21	颈围	通过喉结，在颈中部围量一周的长度
22	乳下围	在乳房下端水平围量一周的长度
23	腋围	从后腋点经过肩端点，再到前腋点并穿过腋下围量一周的长度
24	臂围	在上臂最粗处水平围量一周的长度
25	肘围	经过肘关节围量一周的长度
26	腕围	经过腕关节茎突点围量一周的长度
27	掌围	拇指自然向掌内弯曲，通过拇指根部围量一周的长度
28	胯围	通过胯骨关节在胯部围量一周的长度
29	大腿根围	在大腿根部水平围量一周的长度
30	膝围	过膝盖中点水平围量一周的长度
31	小腿中围	在小腿最丰满处水平围量一周的长度
32	小腿下围	在踝骨上部最细处水平围量一周的长度

续表

序号	测量部位	含　义
33	肩宽	从左肩端点通过颈后中点量至右肩端点的距离
34	小肩宽	从肩端点量至肩颈点的距离
35	胸宽	从前胸左腋窝点水平量至右腋窝点间的距离
36	乳间距	从左乳头点水平量至右乳头点间的距离
37	背宽	在背部从左后腋窝点沿体表量至右后腋窝点的体表实长

三、不同服装款式的测量方法

服装款式种类很多，现介绍常规的测量方法及主要部位的尺寸，见表1—2。

表1—2　　常规的测量方法及主要部位的尺寸

序号	测量部位	测量方法
1	衣长（L）	在服装的前身，量取颈肩点（肩端点、前领中心点）至下摆的距离（企业生产过程中一般根据客户要求来确定）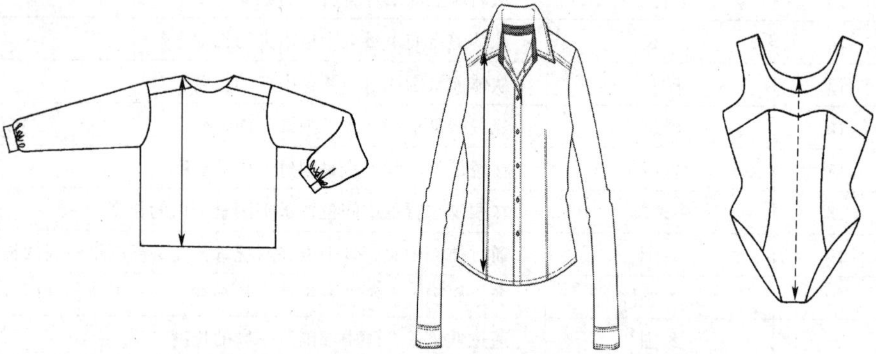
2	胸围（B）	当纽扣扣上或拉链拉好且衣服放平整时，沿袖窿底部水平测量的距离是胸围规格尺寸的1/2（外贸服装业有的在袖窿底部往下2.5 cm处测量）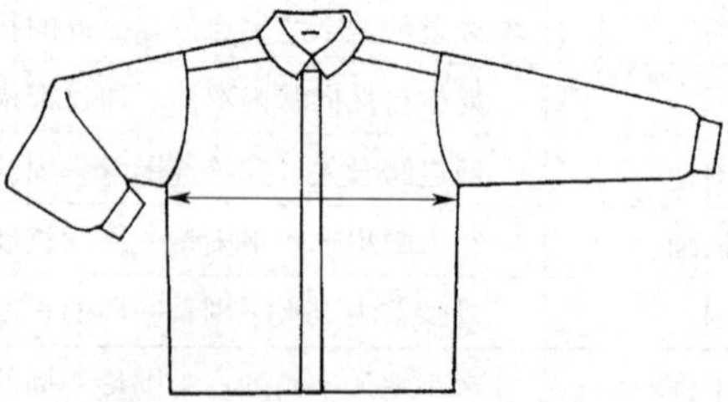

续表

序号	测量部位	测量方法
3	腰围（W）	在腰节处（从颈侧点到腰节线的前腰节长为 38 ~ 41 cm）水平测量的距离是腰围规格尺寸的 1/2。下装腰围，如裙、裤等，测量时只需测量下装的腰头开口长度即可 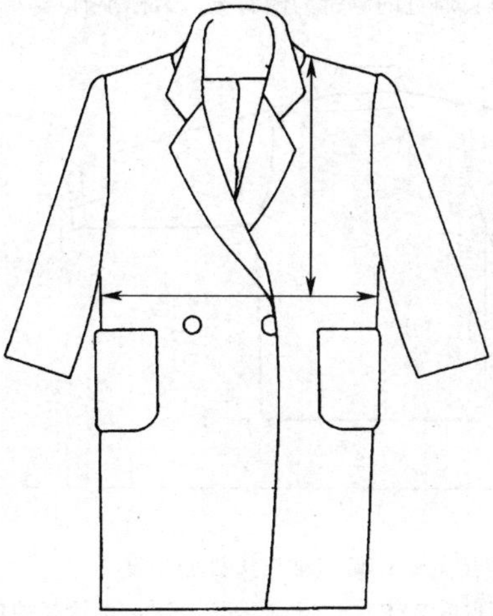 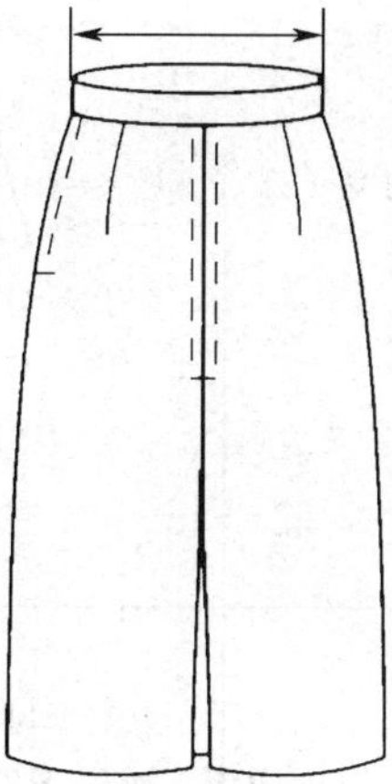
4	臀围（H）	在腰节线下 16 ~ 18 cm 处进行水平测量，所测距离是臀围规格尺寸的 1/2  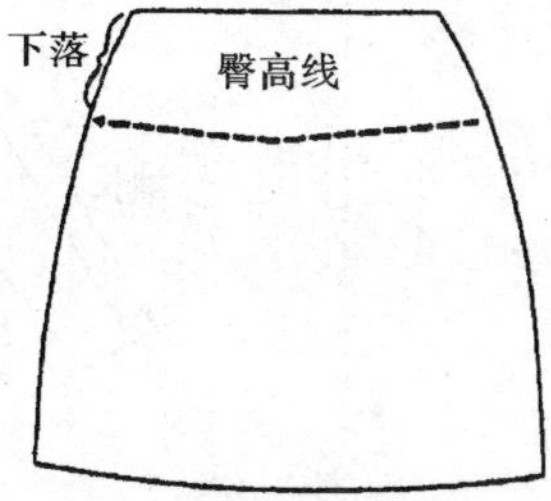
5	下摆	在底边处水平测量的尺寸（如果是装橡筋的夹克，需分别测量出橡筋受拉伸时和橡筋未拉伸时的尺寸） 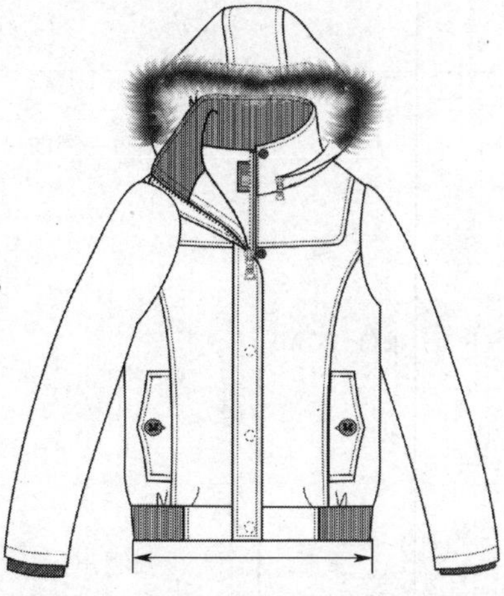

序号	测量部位	测量方法
6	肩宽（S）	（1）整肩宽（S1）：从左肩端点量至右肩端点的长度 （2）小肩宽（S2）：肩宽的测量为侧肩宽，又称小肩宽 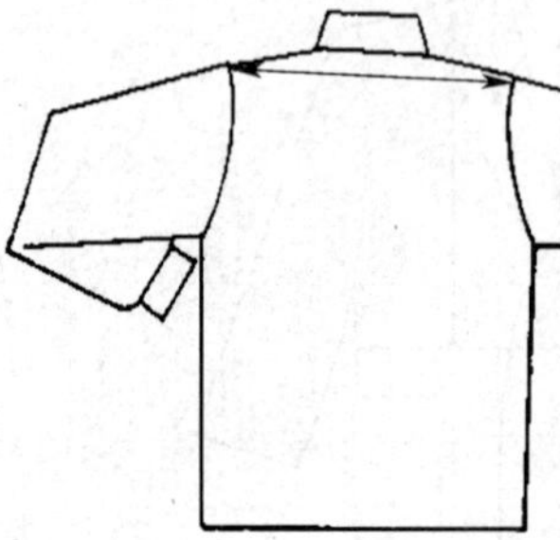 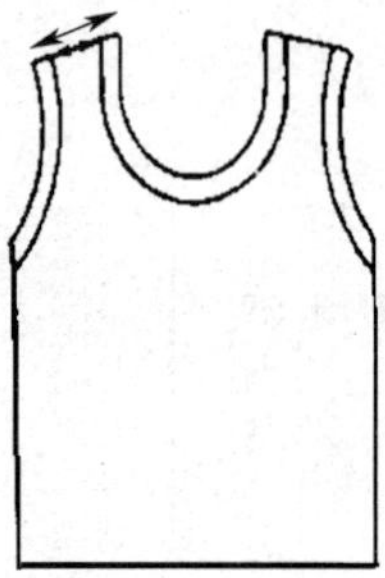
7	袖长（SL）	（1）SL1：从肩端点（SP）量至袖口边处的长度 （2）SL2：从后颈点（BNP）经过肩端点（SP）再量至袖口边处的长度（此种方法用于连肩袖或插肩袖）  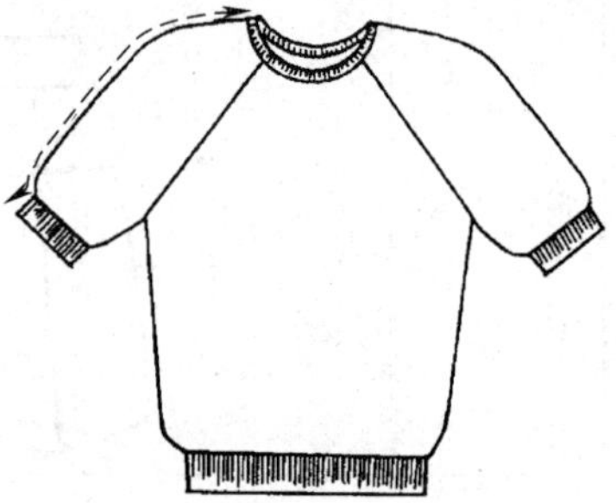
8	袖口（CW）	围量袖口一周的尺寸 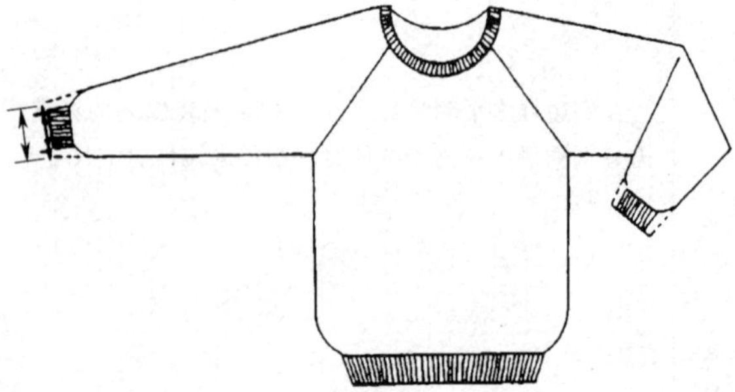

序号	测量部位	测量方法
9	领围（N）	把领子放平整，在领底线上从一端量至另一端的距离（由于领型不同，具体测量方法有所不同）。例如，测量衬衫的领围时从纽扣的中央量到纽眼的外侧，有时也需要测量衬衫领子的形状；非衬衫领的领围是指圆领、V 领等。如果领围有弹性，则其尺寸分为松量领围和拉量领围。松量领围是沿着领开口弯量。拉量领围是将领围拉至最大时的领开口测量值 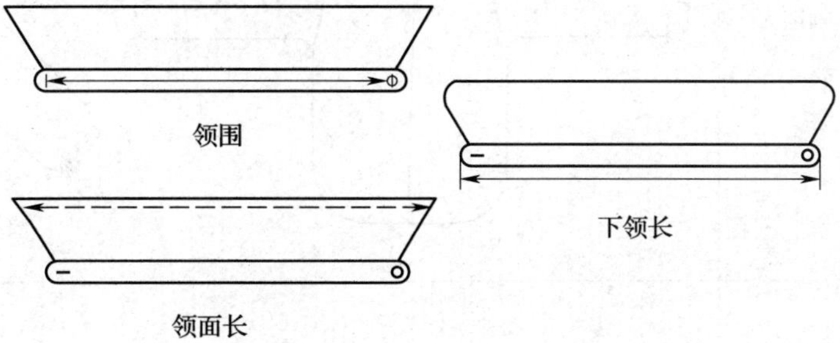
10	前领深、后领深	在圆领开口一侧的颈肩点，到另一侧的颈肩点作一条虚拟的水平线，量取该水平线至前领中的距离 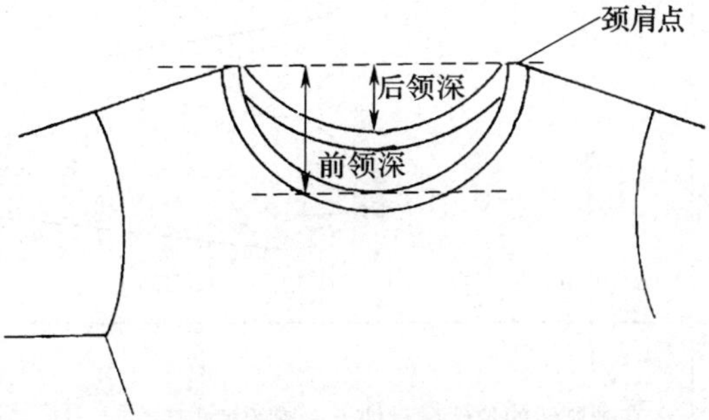
11	后横开领	左、右颈侧点之间直线距离的 1/2（与后领口弧长是有区别的） 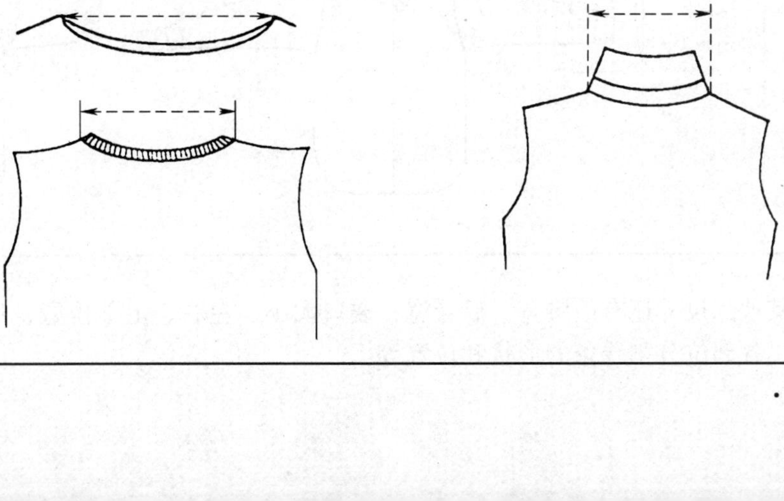

续表

序号	测量部位	测量方法
12	袖窿大	有两种测量方法：一是弯量，二是直量。在大多数情况下一般都采用前者，而针织毛衫采用后者较多 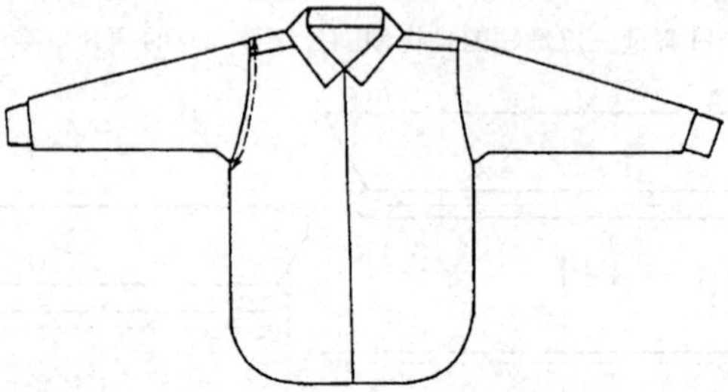 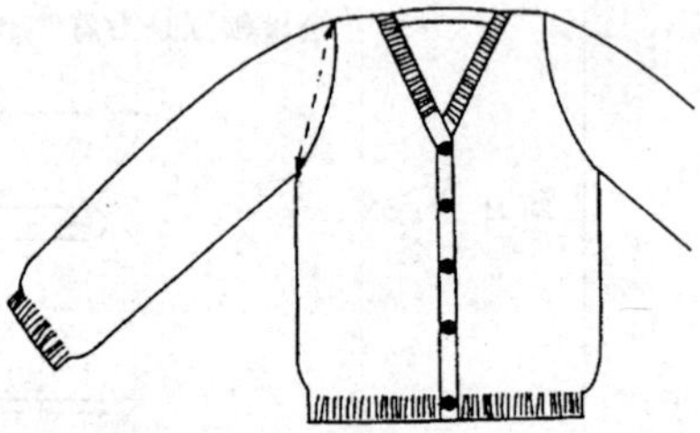
13	横裆大	把裤子平放，前后拉平，在大、小裆弯的结合处水平量至裤侧缝的长度 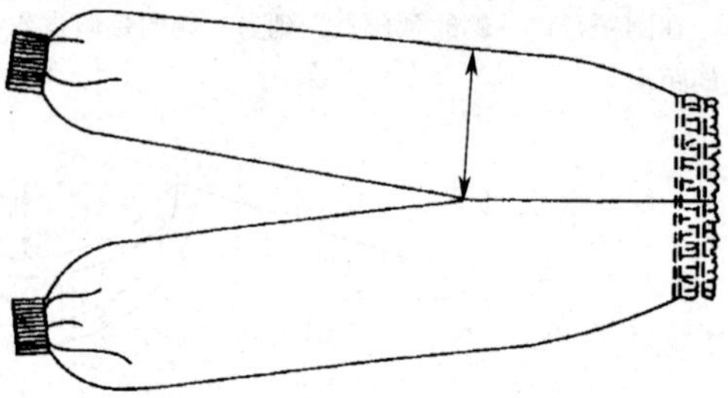
14	袖肥大	在袖肥线的位置测量袖子一周的大小 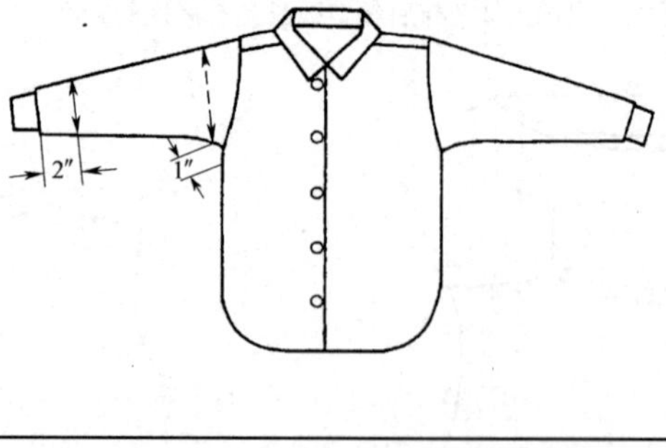 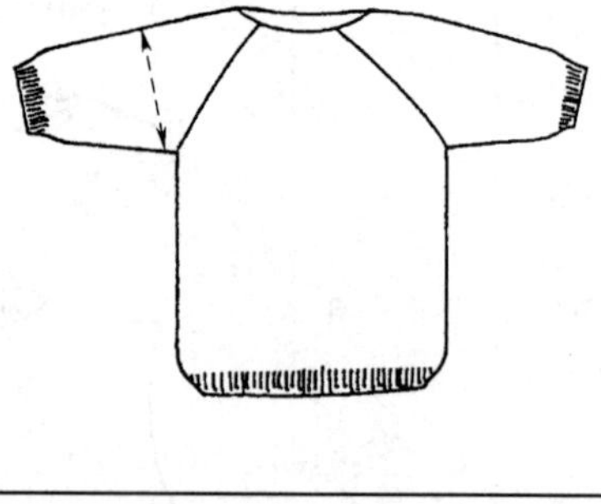

其他的尺寸还有前胸宽，后背宽，袋口大小、左右、上下位置，纽扣大小、左右、上下位置，各部位分割线条的形状和位置等。

模块二　服装专业术语与符号

一、服装专业术语

服装专业术语见表1—3。

表1—3　　**服装专业术语**

类别	术语名称	含　义
检验工艺	1. 验色差	检查原、辅料色泽级差，按色泽归类
	2. 查疵点	检查原、辅料疵点
	3. 查污渍	检查原、辅料污渍
	4. 分幅宽	将原、辅料按门幅宽窄归类
	5. 查衬布色泽	检查衬布色泽，按色泽归类
	6. 查纬斜	检查原、辅料纬纱斜度
	7. 复码	复查原、辅料每匹长度
	8. 理化试验	包括原、辅料的伸缩率、耐热度、色牢度等试验
裁剪工艺	1. 烫原料	熨烫原料皱褶
	2. 排料	制定出用料定额
	3. 铺料	按划样要求铺料
	4. 表层划样	用样板按不同规格在铺料的表层布料上合理套排，划出衣片的外轮廓线条，做剪开的标记
	5. 复查划样	复查表层划片的数量和质量
	6. 开剪	按划样线条用裁剪工具裁片
	7. 钻眼	用裁剪工具在裁片上做出缝制标记，应做在可缝去的部位上，以免影响产品美观
	8. 打粉印	用划粉在裁片上做出缝制标记，一般作为暂时标记
	9. 编号	将裁好的各种衣片按顺序编好号码，同一件衣服号码应一样
	10. 查裁片刀口	检查裁片刀口的质量
	11. 配零料	配齐一件衣服各部件的材料
	12. 钉标签	将标签钉在衣片上
	13. 验片	检查裁片质量和数量
	14. 织补	修补裁片中可修复的织疵
	15. 换片	调换不符合质量要求的裁片
	16. 分片	将裁片按序号配齐或按部件的种类配齐

续表

类别	术语名称	含　义
裁剪工艺	17. 冲领角薄膜衬	用模具冲剪领角薄膜衬
	18. 衣坯	未做任何加工的衣片
	19. 段耗	铺料后断料所产生的损耗
	20. 裁耗	铺料后，面料在划样开裁中所产生的损耗
	21. 成衣面料制成率	制成衣服的面料重量与投料重量之比
缝纫工艺	1. 刷花	在裁剪绣花部位上印刷花印
	2. 撇片	按标准样板修剪毛坯裁片
	3. 打线钉	用白棉纱线在裁片上做出缝制标记，以防纱线脱散
	4. 剪省缝	将毛呢服装上因缝制后的厚度影响衣服外观的省缝剪开
	5. 环省缝	将毛呢服装剪开的省缝用纱线做环行针法绕缝，以防纱线脱散
	6. 缉省缝	将省缝折合用机器缉缝
	7. 烫省缝	将省缝坐倒或分开熨烫
	8. 推门	将平面衣片经归拔等工艺手段烫成立体形态衣片
	9. 缉衬	机缉前衣身衬布
	10. 烫衬	熨烫缉好的胸衬，使其形成人体胸部形态，与推门后的前衣片相吻合
	11. 覆衬	将前衣片覆在胸衬上，使衣片与衬布贴合一致，且衣片布纹处于平衡状态
	12. 纳驳头	又称扎驳头，用手工或机器扎
	13. 做插笔口	在小袋盖上口做插笔开口
	14. 滚袋口	用滚条包光毛边袋口
	15. 拼耳朵皮	将大衣挂面上端形状如耳朵的部分进行拼接
	16. 包成领	将底领四边包光后机缉
	17. 做领舌	做中山装底领伸出的里襟
	18. 敷止口牵条	将牵条布用手工操作熨斗粘压在止口部位
	19. 敷驳口牵条	将牵条布用手工操作熨斗粘压在驳口部位
	20. 缉袋嵌线	将嵌料缉在开口袋线两侧
	21. 开口袋	将已嵌线的口袋中间部分剪开
	22. 封袋口	将袋口两头机缉倒回针缝口
	23. 挂面	将挂面覆在前衣片止口部位
	24. 合止口	将衣片和挂面在门襟止口处机缉缝合
	25. 修剔止口	将缉好的止口毛边剪窄，一般有修双边和单修一边两种方法
	26. 扳止口	将止口毛边与前身衬布用斜形手工针迹扳牢
	27. 扎止口	在翻出的止口上手工或机扎一道临时固定线

续表

类别	术语名称	含　义
缝纫工艺	28. 合背缝	将背缝机缉缝合
	29. 归拔后背	将平面的后衣片按形体归拔烫，使其符合人体后背立体状态
	30. 敷袖窿牵条	将牵条粘合在袖窿处
	31. 敷背衣衩牵条	将牵条布封在背衣衩边沿部位
	32. 封背衣衩	将背衣衩上端封结
	33. 扣烫底边	将底边折光或折转熨烫
	34. 扎底边	将底边扣烫后扎一道临时固定线
	35. 倒钩袖窿	将袖窿用倒钩针法缝扎，使袖窿牢固
	36. 叠肩缝	将肩缝头与衬布扎牢
	37. 做垫肩	用布和棉花、中空纤维等做成衣服垫肩
	38. 装垫肩	将垫肩安装在袖窿肩头部位，使最厚部位处于人体肩线上
	39. 倒扎领窝	沿领窝用倒钩针法缝扎
	40. 合领衬	在领衬拼缝处机缉缝合
	41. 拼领里	在领里拼缝处机缉缝合
	42. 归拔领里	将覆上衬布的领里归拔熨烫成符合人体颈部的形态
	43. 归拔领面	将领面归拔熨烫成符合人体颈部的形态
	44. 覆领面	将领面覆在领里上，使领面、领里配合好，领角处的领面要宽松些
	45. 绱领子	将领子安装在领窝处
	46. 分烫上领缝	将绱领缉缝分开，熨烫后修剪
	47. 分烫领串口	将领串口缉缝分开熨烫
	48. 叠领串口	将领串口缝与绱领缝扎牢，注意使串口缝保持齐直
	49. 包领面	将西服、大衣领面外口包转，用三角针与领里绷牢
	50. 归拔偏袖	将偏袖部位归拔熨烫成人体手臂的弯曲形态
	51. 缲袖衩	将袖衩边与袖口贴边缲牢固定
	52. 扎袖里缝	将袖子面、里缉缝对齐扎牢
	53. 收袖山	抽缩袖山上手工线迹或机缝线迹，抽缩的程度以袖中线两端为准
	54. 滚袖窿	用滚条将袖窿毛边包光，增加袖窿的牢度和挺度
	55. 缲领沟	将底领领沟开口处用手工缲牢
	56. 扎暗门襟	将暗门襟扣眼之间用暗针缝牢
	57. 划扣眼位	按衣服长度和造型要求划准扣眼位置
	58. 滚扣眼	用滚扣眼的布料把扣眼毛边包光
	59. 锁扣眼	将扣眼用粗丝线锁光

续表

类别	术语名称	含　义
缝纫工艺	60. 滚挂面	将挂面、里口毛边用滚条包光
	61. 做袋片	将袋片毛边扣转，缲上里布做光
	62. 翻小袢	将小袢的面料、里料缝合后，将正面翻过来
	63. 绱袖袢	将袖袢装在袖子上
	64. 坐烫里子缝	将里布缉缝坐倒熨烫
	65. 缲袖窿	将袖山弧线固定在袖窿上
	66. 缲底边	将底边与大身缲牢
	67. 绱帽檐	将帽檐缉在帽前面的止口部位
	68. 绱帽	将帽子装在领窝上
	69. 领角薄膜定位	将领角薄膜在领衬上定位
	70. 热缩领面	将领面进行防缩熨烫
	71. 粘翻领	将领衬与领面的三角沿口粘合
	72. 压领角	上领翻出后，将领角进行热定型
	73. 夹翻领	将翻领夹进领底面、里布内机缉缝合
	74. 镶边	用镶边料按一定宽度和形状安装在衣片边缘上
	75. 镶嵌线	用嵌线料镶在衣片上
	76. 缉明线	机缉或手工缉缝服装表面线迹
	77. 绱袖衣衩条	将袖衣衩条装在袖衣衩位上
	78. 封袖衣衩	在袖衣衩上端的里侧机缉封牢
	79. 绱拉链	将拉链装在门襟侧缝等开口部位
	80. 绱松紧带	将松紧带装在袖口底边等部位
	81. 点纽位	用铅笔或划粉点准纽位
	82. 钉纽扣	将纽扣钉在纽位上
	83. 定型	根据面料、辅料的特性给予外加因素，使衣料形态具有一定的稳定性
	84. 划绗棉线	制作防寒服时在布料上划出绗棉间隔标记
	85. 绗棉	按绗棉标记机缉或手工绗线
	86. 缲纽袢	将纽袢边折光缲缝
	87. 盘花纽	用缲好的纽袢条按一定花型盘成纽扣
	88. 钉纽袢	将纽袢钉在门里襟
	89. 打套结	开衣衩口用手工或机器打套结
	90. 拔裆	将平面裤片归拔成符合人体臀部和下肢形态的立体裤片
	91. 翻门袢	缉好门袢，将正面翻出

续表

类别	术语名称	含　　义
缝纫工艺	92. 绱门袢	将门袢安装在衣片襟上
	93. 绱里襟	将里襟安装在衣片里襟上
	94. 绱腰头	将腰头安装在裤子上口
	95. 绱串带袢	将串带袢安装在裤腰上
	96. 绱雨水布	将雨水布安装在裤腰里下口
	97. 封小裆	将小裆开口机缉或手工封口
	98. 钩后裆缝	在后裆缝弯处用粗线做倒钩针缝
	99. 扣烫裤底	将裤底外口毛边折转熨烫
	100. 绱大裤底	将裤底装在后裆十字缝上
	101. 花绷十字缝	将裤裆十字缝分开绷牢
	102. 扣烫脚口贴边	将裤脚口贴边扣转烫
	103. 绱贴脚条	将裤脚条装在裤脚口里侧边缘
	104. 叠卷脚	将裤脚翻边在侧缝下裆缝处
	105. 抽碎褶	用缝线抽缩成不定型的细褶
	106. 叠顺裥	用缝线叠成同一方向的褶裥
	107. 包缝	用包缝线迹将布边固定
	108. 针迹	缝针刺穿缝料时在缝料上形成针眼
	109. 线迹	缝制物上两个相邻针眼之间的缝线迹
	110. 缝迹	相互连接的线迹
	111. 缝型	一定数量的布片和缝制过程中的配置形态
	112. 缝迹密度	在规定单位长度内缝迹的线迹数
	113. 手针工艺	用手针缝合衣料的各种工艺
	114. 装饰手针工艺	用手针缝合衣料的多种工艺
	115. 塑形	人为把衣料加工成所需要的形态
服装制图	1. 净样	服装实际尺寸，不包括缝份、贴边等
	2. 毛样	裁剪尺寸，包括缝份、贴边等
	3. 画顺	光滑、圆顺地连接直线与弧线、弧线与弧线
	4. 劈势	直线的偏进，如上衣门里襟上端的偏进量
	5. 翘势	水平线的上翘（抬高）。如裤子后翘是指后腰缝线在后裆缝线处的抬高量
	6. 困势	直线的偏出。如裤子侧缝困势是指后裤片在侧缝线上端处的偏出量

续表

类别	术语名称	含　义
服装制图	7. 眼刀	在裁片的外口某部位剪一小缺口，起定位、对位作用
	8. 门襟	衣片的锁眼边
	9. 里襟	衣片的钉纽边
	10. 叠门	门襟和里襟相叠合的部分
	11. 挂面	上衣门里襟反面的贴边
	12. 过肩	又称复势、育克，一般常用在男女上衣肩部上的双层或单层布料
	13. 驳头	挂面第一粒纽扣上端向外翻出不包括领的部分
	14. 省	又称省缝，根据人体曲线形态所需缝合的部分
	15. 裥	根据人体曲线所需，有规则地折叠或收拢的部分
	16. 克夫	又称袖头，缝接于袖子的下端，一般为长方形
	17. 分割	根据人体曲线形态或款式要求在上衣片或裤片上增加的结构缝

二、服装专用符号

服装专用符号是用符号代替汉字说明，它比文字表示更形象、标准，既简洁、明了，又便于国际间的技术交流。下面是部分专用符号：

1. 服装熨烫工艺符号

在工业生产中熨烫也是一道重要的工序，熨烫工艺符号表示了熨烫方式和熨烫温度的要求，见表1—4。

表1—4　　熨烫工艺符号

名称	烫干	烫圆	拉烫	缩烫	归烫	拔烫
符号	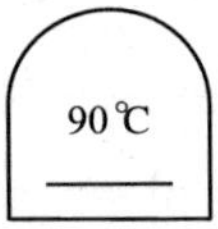		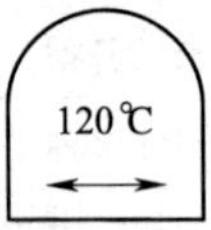	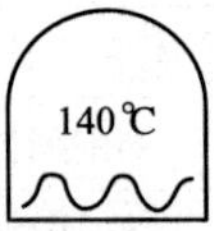		
名称	湿烫	干烫	盖布烫	不能烫	粘合烫	蒸汽烫
符号						

说明：符号中的数字表示熨烫温度，温度的高低应根据面料测试的承受度数来标注。

2. 服装缝纫工艺符号

服装各部位设计了不同的工艺结构和造型，而服装缝纫工艺用比较形象的符号明确地标示出所要采用的缝纫方式，工艺流程各道工序的操作人员必须按照缝纫工艺符号所标示的方式进行操作。

（1）手缝工艺符号见表 1—5。

表 1—5　　手缝工艺符号

名称	擦针	线丁	缲针
符号			
名称	纳针	倒钩针	拱针
符号	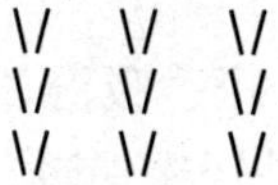		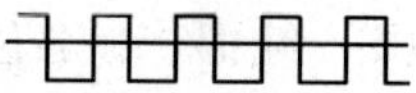
名称	三角针	杨树花针	线袢
符号	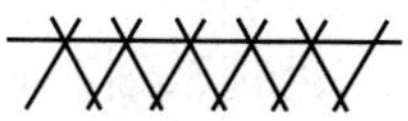	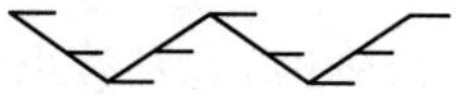	
名称	打套结	锁眼	钉扣
符号		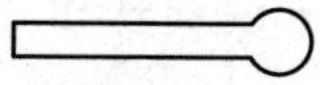	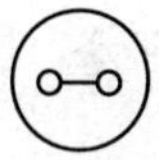

（2）机缝工艺符号见表 1—6。

表 1—6　　机缝工艺符号

名称	明线	双止口明线	碎褶	褶裥	明裥
符号		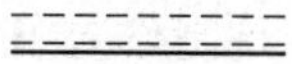	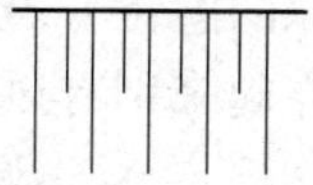	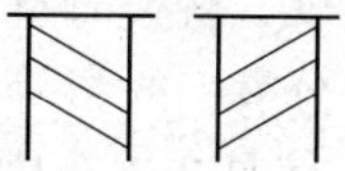	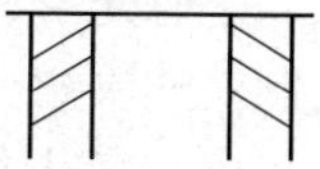
名称	暗裥	省	开省号	塔克线	司马克
符号	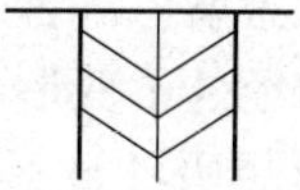	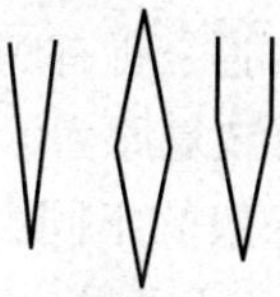	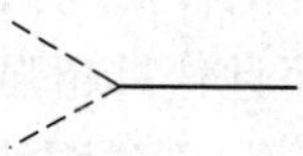	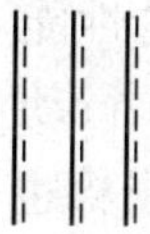	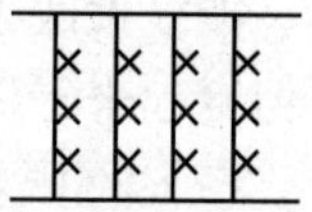

续表

名称	罗纹	橡筋	扣眼位	扣位	眼刀
符号	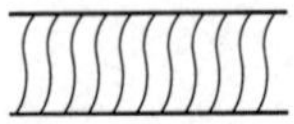	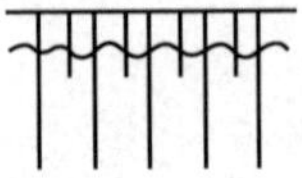			

模块三　服装面料及辅料

一、常见服装面料

1．棉织物

（1）纯棉。顾名思义是全部以棉花为原料织成的，具有保暖、吸湿、耐热、耐碱、卫生等特点，多用来制作时装、休闲装、内衣和衬衫。它的优点是轻松保暖，柔和贴身，吸湿性、透气性甚佳。它的缺点则是易缩、易皱、易起球，外观上不大挺括、美观，穿着时必须时常熨烫。

（2）精梳棉。正确说法是“精梭棉”，其特点是编织整齐，处理精细，而且材质是纯棉的。这类布料可以最大限度地防止起球。

（3）涤棉。相对于纯棉而言，就是涤纶和棉混纺，相对于精梳棉来说更容易起球。因为有涤纶成分，所以面料相对纯棉来说要软和一点，不容易起皱，但是吸湿性要比纯棉差一些。

（4）水洗棉。水洗棉是以棉布为原料，经过特别处理后使织物表面色调、光泽更加柔和，手感更加柔软，并在轻微的皱度中体现出几分旧料之感。这种衣物穿用和洗涤具有不易变形、不褪色、免熨烫的优点。比较好的水洗棉布表面还有一层均匀的毛绒，风格独特。

（5）冰棉。冰棉以薄、透气、凉爽等特点对抗夏日炎炎。通俗点说，就是在棉布上又加了个涂层，颜色以单一色调为主，有白、军绿、浅粉、浅褐等。冰棉有透气、凉爽的特点，手感光滑、柔软，触摸时有凉凉的感觉，表面有自然褶皱，穿在身上薄而不透。适合女士制作连衣裙、七分裤、衬衫等，穿起来别有风格，是制作夏日服装的上等面料。

（6）莱卡棉。就是在棉布中加入了莱卡。莱卡（LYCRA）是杜邦公司独家发明生产的一种人造弹力纤维，可自由拉长4～7倍，并能在外力释放后迅速回复原有长度。它不可单独使用，能与任何其他人造或天然纤维交织使用。它不改变织物的外观，是一种看不见的纤维，能极大改善织物的性能。其非凡的伸展与回复性能令所有织物大为增色。含莱卡的衣物不但穿起来舒适合体，行动自如，而且独具超强的褶皱复原力，衣物经久不变形。

（7）网眼棉。网眼棉也是纯棉，只不过织法和一般的不同，而且更吸汗且不易变形。

（8）丝光棉。丝光棉选用的棉花原料较为高档，又经过一系列严格的加工程序，其产品可谓棉中极品，既保留了纯棉柔软舒适、吸湿透气的天然优点，又具有很多独特优势：纱线强力增大，不易断裂；光泽度增加，有丝一般的亮度；染色性能提高，色泽鲜亮，不易掉色；纱线断裂深度随张力的增大而减小，即不易拉长而变形。

2. 麻织物

麻织物是以亚麻、苎麻、黄麻、剑麻、蕉麻等各种麻类植物纤维制成的一种布料。一般用来制作休闲装、工作装，目前也多以其制作普通的夏装。它的优点是强度极高，吸湿、导热、透气性甚佳，穿着极其有型。它的缺点则是穿着不甚舒适，外观较为粗糙、生硬。

服装面料常见的是棉麻混纺，麻棉混纺布一般采用55%麻与45%棉进行混纺。其外观上既保持了麻织物独特的粗犷、挺括风格，又具有棉织物柔软的特性，改善了麻织物不够细洁、易起毛的缺点。棉麻交织布多为棉作经、麻作纬的交织物，质地坚牢、爽滑，手感软于纯麻布。麻棉混纺交织物多为轻薄型，适合夏季服装。

3. 丝织物

丝织物是以蚕丝为原料纺织而成的各种丝织物的统称。与棉布一样，它的品种很多，个性各异。它可用来制作各种服装，尤其适合制作女士服装。

（1）雪纺。服装面料中最常见的就是雪纺，雪纺又称乔其纱、乔其绉。根据所用原料不同可分为真丝雪纺、人造雪纺和涤纶丝雪纺等几种。同样是雪纺面料，不同的原料所织成的面料差别是很大的，所以价格差别也非常大。雪纺面料质地柔软，轻薄透明，手感滑爽，富有弹性，外观清淡、爽洁，具有良好的透气性和悬垂性，穿在身上舒适感很强，非常飘逸；差点的雪纺面料手感僵硬，贴在皮肤上不是很舒适。

（2）双绉。双绉的主要特点是质感轻柔、平滑，色泽鲜艳、柔美，富有弹性，穿着舒适、凉爽，透气性好，绸身比乔其纱重。缩水率较大，在10%左右，不过一般的衣物在裁剪前都已经做了缩水处理。

（3）塔夫绸。又称塔夫绢，是一种以平纹组织织制的熟织高档丝织品。经纱采用复捻熟丝，纬丝采用并合单捻熟丝，以平纹组织为地，织品密度大，是绸类织品中最紧密的一个品种。塔夫绸的特点是绸面细洁光滑、平挺美观、光泽好，织品紧密、手感硬挺，但折皱后易产生永久性折痕，因此不宜折叠和重压，常用卷筒式包装。塔夫绸是女士礼服的上品，欧美和许多地区妇女都很喜欢。但塔夫绸生产工艺复杂，产量不多，只能有限供应，这样更显得其名贵难得了。

4. 毛织物

毛织物是用各类羊毛、羊绒织成的织物或用人造毛等织成的面料。

（1）华达呢。是精纺呢绒的重要品种之一。风格特点是：呢面光洁、平整，不起毛，纹路清晰、挺直，纱线条干均匀，手感滑糯，丰满活络，身骨弹性好，结实、耐磨。其光泽自然柔和，无极光，显得较为庄重。

（2）哔叽。哔叽是精纺呢绒的传统品种。风格特点是：色光柔和，手感丰厚，身骨弹性好，坚牢耐穿。

（3）花呢。花呢是精纺呢绒中品种花色最多、组织最丰富的产品。利用各种精梳的彩色纱线、花色捻线、嵌线作经纱和纬纱，并运用平纹、斜纹、变斜或经二重等组织的变化和组合，使呢面呈现各种条、格、小提花及颜色隐条效应。

按其重量可分薄型花呢、中厚型花呢、厚型花呢三种。

薄型花呢的织物重量一般在280 g/m^2以下，常用平纹组织织造。手感滑糯、轻薄，弹性身骨好，花型美观大方，颜色艳而不俗，气质高雅。

中厚型花呢的织物重量一般在285～434 g/m^2之间，有光面和毛面之分。特点是呢面光泽自然、柔和，色泽丰富，鲜艳纯正，手感光滑、丰厚，身骨活络而有弹性，适于制作西装、套装。

厚型花呢的织物重量一般在434 g/m^2以上，有素色厚花呢，也有混色厚花呢等。特点是质地结实、丰厚，身骨弹性好，呢面清晰，适于制作秋、冬季各种长短大衣等。

（4）凡立丁。又名薄毛呢，风格特点是：呢面经直、纬平，色泽鲜艳、匀净，光泽自然、柔和，手感滑、挺、爽，活络而富有弹性，具有抗皱性，纱线条干均匀，透气性能好，适于制作各类夏季套装等。

（5）贡丝绵、驼丝绵。是理想的高档职业装面料。风格特点是：呢面光洁、细腻，手感滑挺，光泽自然、柔和，结构紧密，无毛羽。

（6）板司呢。是精纺毛织品中最具立体效果的职业装面料。风格特点是：呢面光洁、平整，织纹清晰，悬垂性好，滑糯而有弹性。

此外，精纺毛织品还包括派力司、哈呋呢、马裤呢、麦尔登、法兰绒、大衣呢、女式呢等。

5．皮革

皮革包括真皮、再生皮和人造革，多用于制作时装、冬装。

（1）真皮。又可以分为两类：一是革皮，即经过去毛处理的皮革；二是裘皮，即处理过的连皮带毛的皮革。裘皮的优点是轻盈保暖、雍容华贵；缺点则是价格昂贵，储藏、护理方面要求较高，故不宜普及。

（2）再生皮。再生皮是将各种动物的废皮及真皮下脚料粉碎后，调配化工原料加工制作而成。其表面加工工艺同真皮的修面皮、压花皮一样，特点是皮张边缘较整齐，利用率高，价格低廉；但皮身一般较厚，强度较差，只适宜制作平价公文箱、拉杆袋、球杆套等定型工艺产品和平价皮带，一般不用于制作服装。

（3）人造革。又称仿皮或胶料，具有花色品种繁多、防水性能好、边幅整齐、利用率高和价格相对真皮便宜的特点，但绝大部分人造革的手感和弹性无法达到真皮的效果。目前，随着制作工艺的不断完善和提高，一些好的人造革已经达到甚至超过了真皮的效果，当然，价格也是不相上下的。

6．化学纤维织物

化纤是化学纤维的简称。它是利用高分子化合物为原料制作而成的纤维纺织品，通常分为人工纤维与合成纤维两大门类。它们共同的优点是色彩鲜艳、质地柔软、悬垂挺括、滑爽舒适；缺点则是耐磨性、耐热性、吸湿性、透气性较差，遇热容易变形，容易产生静电。它虽可用以制作各类服装，但总体档次不高。

7．混纺织物

混纺织物是将天然纤维与化学纤维按照一定的比例混合纺织而成的织物，可用来制作各种服装。它的长处是既吸收了棉、丝、毛和化纤各自的优点，又尽可能地避免了它们各自的缺点，而且在价格上相对较为低廉，所以大受欢迎。

8．针织物

针织物是由纱线通过织针有规律的运动形成线圈，线圈和线圈之间互相串套起来而形成的织物。针织物可使用的原料比较广泛，包括棉、毛、丝、麻、化纤及它们的混纺纱或交并纱等。针织物质地松软，除了有良好的抗皱性和透气性外，还具有较大的延伸性和弹性，适宜制作内衣、紧身衣和运动服等。针织物在改变结构和提高尺寸稳定性后，同样可做外衣。针织物可以先织成坯布，经裁剪、缝制而成各种针织品，也可以直接织成全成形或部分成形产品，如袜子、手套等。针织物除用作内衣、外衣、袜子、手套、帽子、床单、床罩、窗帘、蚊帐、地毯、花边等衣着、生活和装饰用布外，在工业、农业和医疗卫生等领域也得到了广泛应用。

二、服装面料外观特征鉴别

服装面料外观特征识别一般包括面料的经纬向、正反面和倒顺方向的识别。

1．面料经纬向的识别见表1—7。

表1—7　面料经纬向的识别

序号	识别方法	主要特征
1	布幅边缘情况	幅布容易识别其经纬向，与布边平行的方向为经向，与布边垂直的方向为纬向
2	面料的经纬密度	多数面料经密大于纬密（横贡缎类织物除外）
3	纱线上浆情况	上浆的一方为经向，不上浆的一方为纬向
4	面料的伸缩性	一般面料经向伸缩性较小，手拉时紧而不易变形；纬向伸缩性稍大，手拉时略松而有变形；斜向伸缩性最大，易变形
5	纱线的粗细	（1）若面料经纱和纬纱粗细不同，一般细者为经纱（经向），粗者为纬纱（纬向） （2）若一个系统有粗细两种纱相间排列，另一个系统是同粗细的纱线，则前者为经向，后者为纬向 （3）若一个系统为股线，另一个系统为单纱，则股线一方为经向，另一方为纬向
6	经纬纱的捻度	一般捻多的一方为经向，捻少的一方为纬向（碧绉、双绉例外）
7	经纬纱捻向	一般Z捻为经向，S捻为纬向

续表

序号	识别方法	主要特征
8	纱线条干均匀度	(1) 若两个系统纱的条干均匀度不同，则纱线条干均匀、光泽好的一般为经向 (2) 若面料中有竹节纱，竹节一方为纬向
9	面料类型	(1) 毛圈面料：有毛圈的一方为经向 (2) 纱罗面料：有扭绞的是经向 (3) 绒条面料：一般绒条方向为经向（绒起毛） (4) 花式线织物：一般花式线多用于纬向
10	面料外观	(1) 条纹外观面料；顺条为经向 (2) 长方形格子外观面料；一般沿长边方向为经向
11	纬编针织物	针织物的线圈依次沿纵行串套，横向连接，线圈纵行方向为纵向（即梭织物的经向），纬编针织物面料横向延伸性优于纵向

2. 面料正反面的识别见表1—8。

表1—8　　面料正反面的识别

序号	识别方法	主要特征
1	面料的组织结构	(1) 素色平纹面料正反面无明显区别，一般正面比较平整、光洁，色泽均匀、鲜明 (2) 斜纹面料的正面纹路清晰，分左、右斜纹，纱结构斜纹面料左斜纹为正面，半线和线结构面料右斜纹为正面 (3) 缎纹面料平整、光滑、明亮，浮线长而多的为正面，反面组织不清晰，光泽较暗，不如正面光滑
2	面料的外观效应	(1) 双面起毛面料：以绒毛丰满、整齐、匀净的一面为正面 (2) 单面起毛面料：一般绒面为正面 (3) 印花起绒面料：应根据印花图案清晰度和方向性及绒面效果决定正反面 (4) 毛圈面料：一般以毛圈丰满面为正面 (5) 轧花、轧纹、轧光面料：以光泽好，花纹图案清晰、明显，立体感强的一面为正面；反面则模糊不清，缺乏层次和光泽（个别面料反面花纹正面别致）
3	面料的毛绒结构	(1) 单面起绒面料：如灯芯绒、平绒等，正面有绒毛 (2) 双面起绒面料：如双面绒布、粗纺毛面料等，正面绒毛较紧密、整齐，反面光泽稍差
4	布边特征	(1) 一般面料的布边，正面较平整、光洁；反面稍粗些，有纬纱纱头的毛边，且边稍向里卷曲 (2) 有些布料布边织或印有文字、号码，字迹清晰、突出，正写的一面为正面 (3) 若布边有针眼，则针眼凸出的一面一般为正面

续表

序号	识别方法	主要特征
5	商标和印章	（1）整匹面料在出厂前的检验中，一般粘贴产品商标纸或说明书于反面，每匹、每段面料的两端盖有出厂日期和检验印章的是反面 （2）外销产品相反，商标和印章均贴在正面
6	包装形式	各种整理好的面料在成匹包装时，每匹布头朝外的一面为反面；双幅呢绒面料大多对折包装，里层为正面，外层为反面

3．面料倒顺方向的识别见表1—9。

表1—9　面料倒顺方向的识别

种类	识别方法
起绒面料	（1）平绒、灯芯绒、金丝绒、乔其绒、长毛绒和顺毛呢绒倒顺方向明显。用手抚摸面料表面，毛头倒伏、顺滑且阻力小的方向为顺毛，顺毛光亮、颜色浅淡；反之，毛头撑起、顶逆而阻力大的方向为倒毛，倒毛光泽暗，颜色深 （2）立绒类面料的绒毛直立无顺倒
带方向性图案面料	（1）有些印花图案和格子面料是不对称的，具有方向性，按其头尾、上下来分倒顺 （2）有些闪光面料，在各个方向闪光效应不同，要注意倒顺方向光泽的差别，使衣片连接处光泽一致

通常灯芯绒、平绒采用倒毛制作，而顺毛类呢绒则采用顺毛制作。凡有倒顺毛的面料都应采用单片裁剪，主、副件及各衣片要倒顺一致，当然也可巧妙搭配，使服装整体光泽一致或明暗错落有序。

二、服装辅料

服装辅料按用途不同大致可以分为七大类，即里料、衬料、填料、线带类材料、紧扣类材料、装饰材料和其他。

1．里料

里料是用于服装夹里的材料，主要有棉织物、再生纤维织物、合成纤维织物、涤棉混纺织物、涤纶塔夫绸、醋酯纤维与粘胶纤维混纺织物、丝织物及人造丝织物。里料的主要测试指标为缩水率与色牢度，对于含绒类填充材料的服装产品，其里料应选用细密或涂层的面料，以防脱绒。当前，用量较多的是以化纤为主要材料的里子绸。

选择服装里料时应注意：

里料的性能应与面料的性能相适应。不同的里料有不同的性能特点，这里的性能是指缩水率、耐热性能、耐洗涤、强力及厚薄、重量等。里料的颜色应与面料相协调，一般情况下，里料的颜色不应深于面料。里料应光滑、耐用，防起毛起球，并有良好的色牢度。

2. 衬料

衬料包括衬布与衬垫两种。

（1）衬布。衬布主要用于服装衣领、袖口、袋口、裙裤腰、衣边及西装胸部等部位，一般含有热熔胶涂层，通常称为粘合衬。根据底布的不同，粘合衬分为有纺衬与无纺衬。有纺衬底布是梭织或针织布，无纺衬底布由化学纤维压制而成。粘合衬的品质直接关系到服装成衣质量的优劣。因此，选购粘合衬时不但对外观有要求，还要考察衬布参数性能是否与成衣品质要求相吻合。例如，衬布的热缩率要尽量与面料的热缩率一致；要有良好的可缝性和裁剪性；能在较低温度下与面料牢固粘合；要避免高温压烫后面料正面渗胶；附着牢固持久，抗老化，抗洗涤。

（2）衬垫。衬垫包括上装用的垫肩、胸垫及下装用的臀垫等，质地厚实、柔软，一般不涂胶。

选择服装衬料时应注意：

衬料应与服装面料的性能相匹配，包括衬料的颜色、单位重量、厚度、悬垂等方面。衬料应与服装不同部位的功能相匹配。硬挺的衬料多用于领部与腰部等部位，外衣的胸衬则使用较厚的衬料；手感平挺的衬料一般用于裙裤的腰部及服装的袖口；硬挺且富有弹性的衬料常用于工整、挺括的造型。此外，衬料应与服装的使用寿命和制衣生产的设备相匹配。

3. 填料

填料就是放在面料和里料之间起保暖作用的材料。根据填充的形态不同可分为絮类和材类两种。

（1）絮类。是指无固定形状的松散填充料，成衣时必须附加里子（有的还要加衬胆），并经过机纳或手绗。主要品种有棉花、丝绵、驼毛和羽绒，用于保暖及隔热。

（2）材类。是指用合成纤维或其他合成材料加工制成的平面状的保暖性填料，品种有氯纶、涤纶、腈纶定型棉、中空棉和光洁塑料等。其优点是厚薄均匀，加工容易，造型挺括，抗霉变无虫蛀，便于洗涤。

4. 线带类材料

（1）线类材料。主要是指缝纫线等线类材料及各种线绳、线带材料。缝纫线在服装中起到缝合衣片、连接各部件的作用，也可以起到一定的装饰美化作用。无论是明线还是暗线，都是服装整体风格的组成部分。工艺装饰线也是线类材料的重要组成部分。工艺装饰线按工艺大致可分成绣花线、编结线和镶嵌线三类，常用于服装、床上用品、家居织物、室内用品和餐厅用品等。

（2）带类材料。主要由装饰性带类、实用性带类、产业性带类和护身性带类组成。装饰性带类又可分为松紧带、罗纹带、帽墙带、人造丝饰带、彩带、滚边带和门襟带等；实用性带类包括锦纶搭扣带、裤带、背包带、水壶带等；产业性带类有消防带、交电带和汽车密封带等；护身性带类主要是指束发圈、护肩、护腰、护膝等。

选择服装用线时应注意以下几点：

（1）色泽与面料要一致，除装饰线外，应尽量选用相近色，且宜深不宜浅。

（2）缝纫线缩率应与面料一致，确保缝纫物经过洗涤后，缝迹不会因缩水过大而使织物起皱。

（3）高弹性及针织类面料应使用弹力线。

（4）缝纫线粗细应与面料厚薄、风格相适宜。

（5）缝纫线材料应与面料材料特性接近，线的色牢度、弹性、耐热性要与面料相适宜，尤其是成衣染色产品，缝纫线必须与面料纤维成分相同（特殊要求例外）。

5. 紧扣类材料

紧扣类材料在服装中主要起连接、组合和装饰作用，包括纽扣、拉链、钩、环与尼龙子母搭扣等。

选择紧扣材料时应遵循以下原则：

（1）考虑服装的种类。如婴幼儿及童装紧扣材料宜简单、安全，一般采用尼龙拉链或搭扣；男装注重厚重和宽大，女装注重装饰性。

（2）考虑服装的设计和款式。紧扣材料讲究流行性，达到装饰与功能的统一。

（3）考虑服装的用途和功能。如风雨衣、游泳装的紧扣材料要能防水且耐用，宜选用塑胶制品；女式内衣的紧扣件要小而薄、重量轻而牢固，裤子门襟和裙装后背的拉链一定要自锁。

（4）考虑服装的保养方式和服装材料。常洗服装应少用或不用金属材料，粗重、起毛的面料应用大号的紧扣材料，松结构的面料不宜用钩、袢和环。

（5）考虑安放的位置和服装的开启形式。如服装紧扣处无搭门，不宜用纽扣。

6. 装饰材料

装饰材料种类繁多，其中花边是装饰材料不可缺少的组成部分，是女装及童装重要的装饰材料，包括机织花边和手工花边。机织花边又分为梭织花边、刺绣花边和编织花边三类；手工花边包括布绦花边、纱线花边、编织花边、手钩棉线花边、手钩棉线小衣服等女装辅料。服装花边重视的是审美性、耐久性和洗涤性。选择和应用花边时，需要权衡花边的装饰性、穿着性、耐久性三个特性，根据不同的需求加以选择。

四、纺织品及服装标识（国家标准）

纺织品及服装标识如图 1—8 所示。

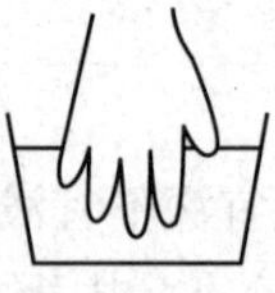	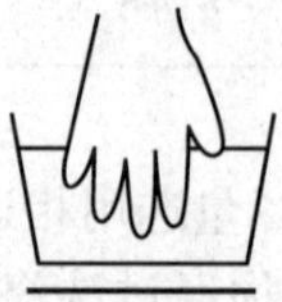	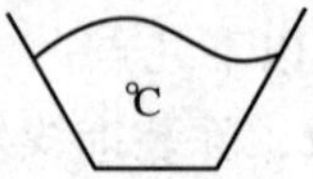	
轻柔手洗	只能手洗	允许机械洗涤	轻轻手洗 不能机洗 洗涤液温度在30℃以下

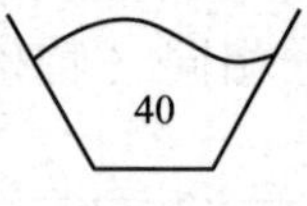	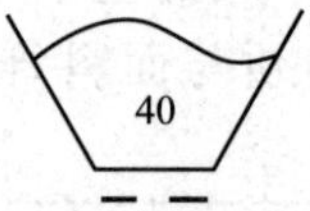	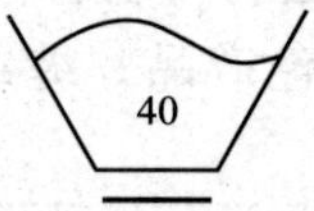	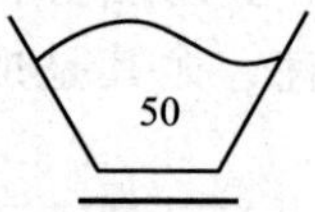
水温40℃ 机械常规洗涤	水温40℃ 机械作用弱 常规洗涤	水温40℃ 洗涤和脱水强度要弱	最高水温50℃ 洗涤和脱水时 强度要逐渐减弱

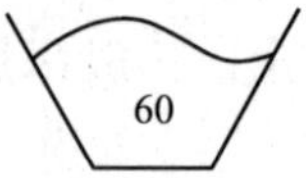	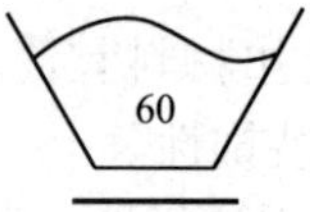	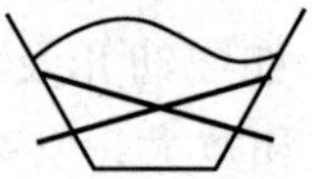	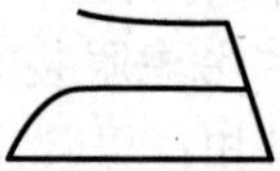
水温60℃ 机械常规洗涤	最高水温60℃ 洗涤和脱水时 强度要逐渐减弱	不能水洗 在湿态时须小心	允许熨烫

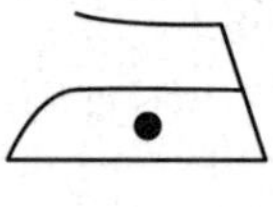		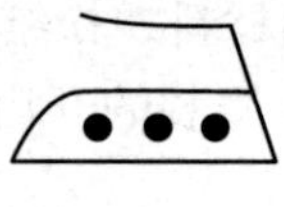	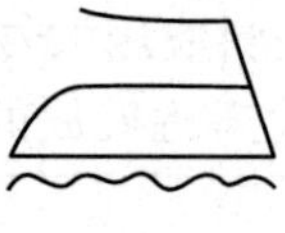
熨烫温度不能超过110℃	熨烫温度不能超过150℃	熨烫温度不能 超过200℃	须垫层布熨烫

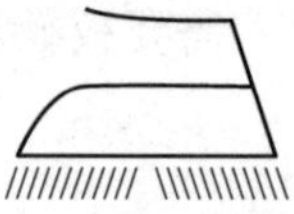	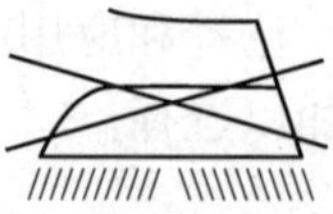	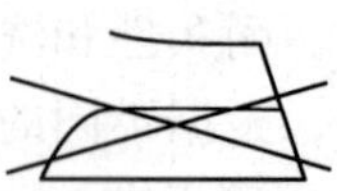	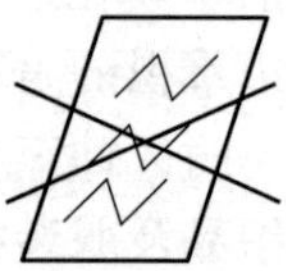
须蒸汽熨烫	不能蒸汽熨烫	禁止熨烫	禁止用搓板搓洗

		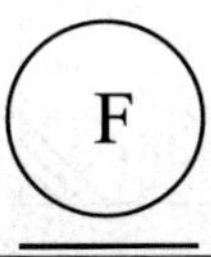	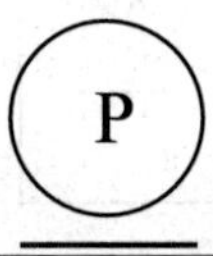
适合所有干洗溶剂洗涤	仅能使用轻质汽油及三氯三氟乙烷洗涤，干洗过程无要求	仅能使用轻质汽油及三氯三氟乙烷洗涤，干洗过程有要求	适合四氯乙烯、三氯氟甲烷、轻质汽油及三氯乙烷洗涤

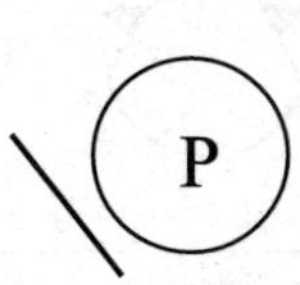	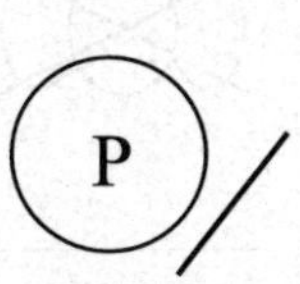	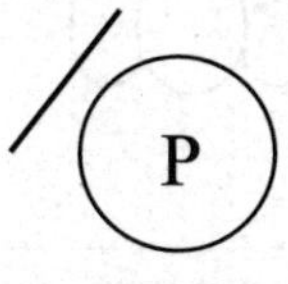	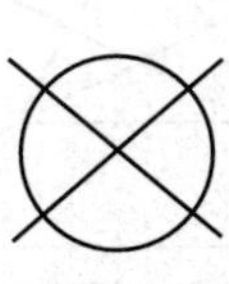
干洗时间短	低温干洗	干洗时要降低水分	禁止干洗

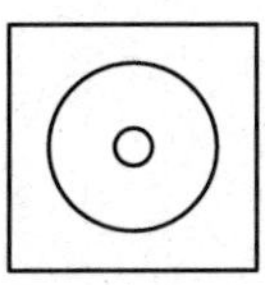		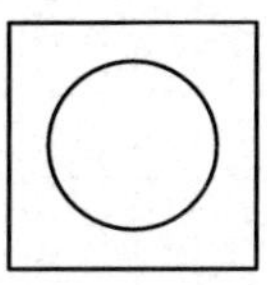	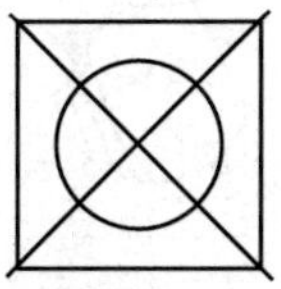
允许低温设置下翻转干燥	允许常规循环翻转干燥	允许滚筒式干衣机内处理	禁止放入滚筒式干衣机内处理

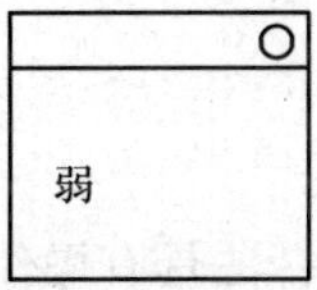	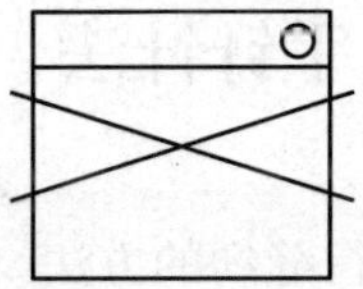	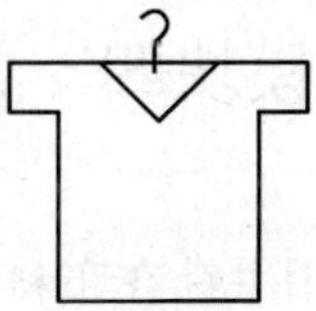	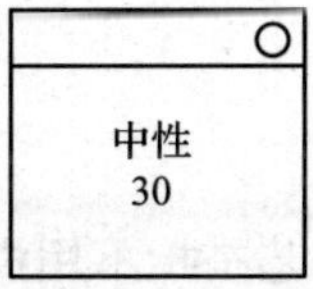
可以用洗衣机洗，但必须用弱挡洗	禁止使用洗衣机洗涤	悬挂晾干	使用30℃以下的洗涤液，机洗用弱水流或轻轻手洗，用中性洗涤剂

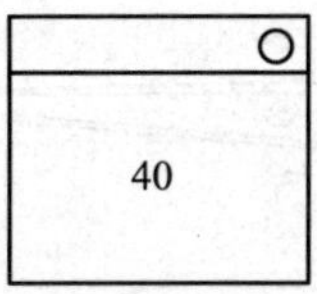	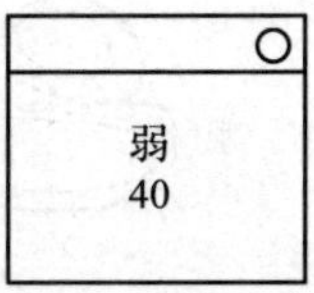	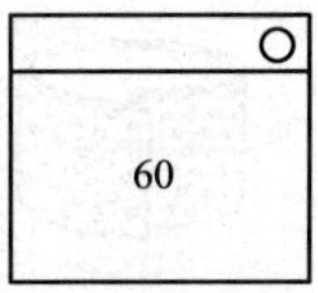	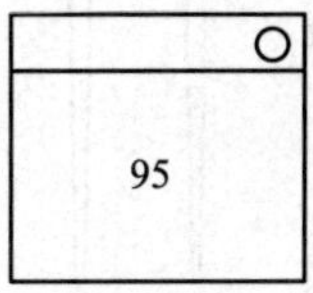
使用40℃以下的洗涤液，可机洗也可手洗，不考虑洗涤剂种类	使用40℃以下洗涤液，机洗用弱的水流，也可轻轻手洗，用中性洗涤剂	使用60℃以下的洗涤液，可机洗也可手洗，不考虑洗涤剂种类	使用95℃以下的洗涤液，可机洗也可手洗，但禁止使用家用洗衣机

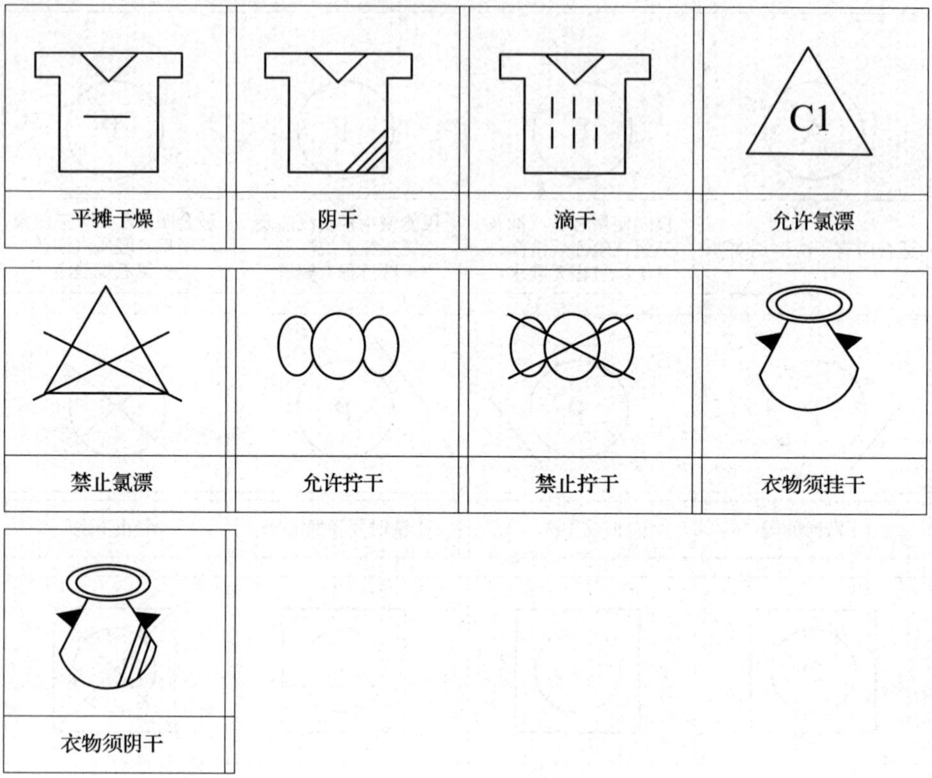

图 1—8　纺织品及服装标识

模块四　常用手针针法

手缝工艺是指不用机械而用手针在布料上进行缝纫的方法。手针针法具有操作灵活、方便的特点，是服装缝制中一项重要的基础工艺。手缝工艺常用工具有手针、顶针和剪刀，如图 1—9 所示。常见的手缝工艺介绍如下：

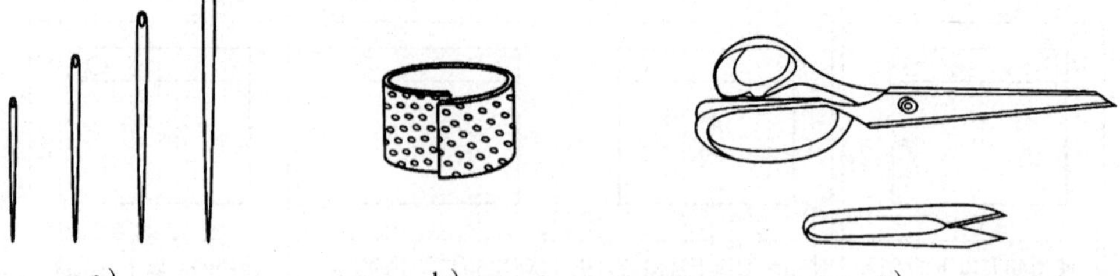

图 1—9　手缝工艺工具

a）手针　b）顶针　c）剪刀

一、平缝针

平缝针是针距相等的针法，也是手缝针法中最基本的针法，是其他各种针法的基础。常用于服装袖山、口袋的圆角等需收缩或抽碎褶之处，如图 1—10 所示。

二、假缝针

假缝针针法与平缝针相似，是临时固定的针法，只是针距按缝制要求可疏可密，如图 1—11 所示。要求线迹均匀、顺直，松紧适度，一般用单根白棉线。该针法常用于两层或多层布料缝合工序前的定位，在缝合工序完成后可将寨线抽掉，还用于服装的底边、止口、敷牵带等部位。

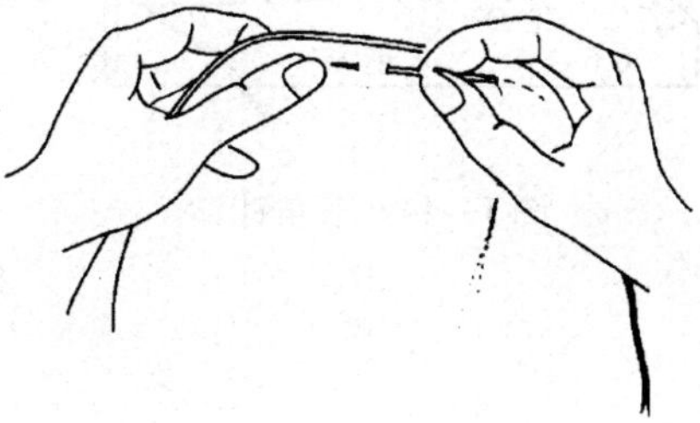

图 1—10　平缝针

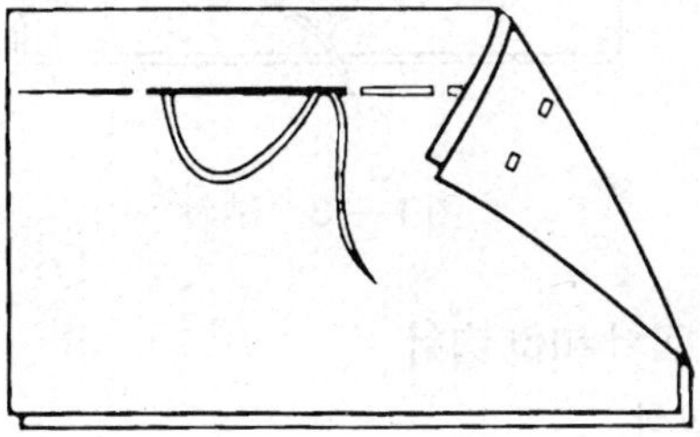

图 1—11　假缝针

三、打线丁

打线丁是用棉线在衣片上做出缝制标记，一般采用白棉线，因为棉纱线软而多绒毛，不易脱落，且不会褪色污染面料，如图 1—12 所示。要求：上、下层布料重叠对齐，不能移动；缝线顺直，位置准确，松紧适度；直线处线丁打得稀疏些，转弯或关键部位打得密些。该针法多在高档服装缝制工艺中做缝制标记。

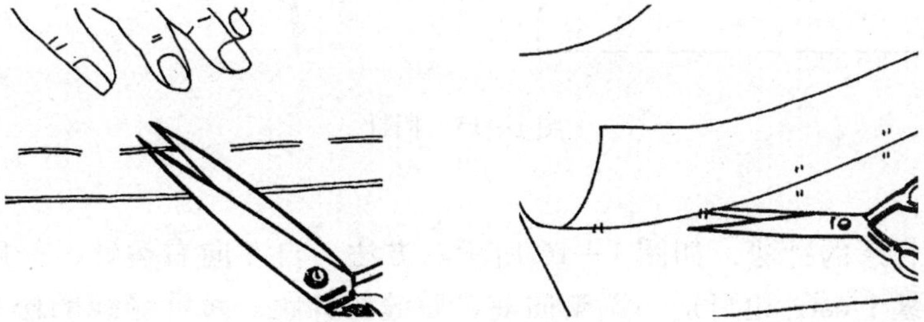

图 1—12　打线丁

四、纳针

纳针又称扎针、八字针，是一种将多层布料牢固扎缝在一起的针法，如图 1—13 所示。要求：针距一致，线迹均匀，松紧适度；扎针后，驳头自然卷起，驳转有弹性。该针法常用于扎驳头、领头、垫肩等，使之有里外匀窝势。

五、三角针

三角针又称黄瓜架或花绷，如图1—14所示。要求：线迹呈交叉三角形，针距及夹角均匀、相等，排列美观、整齐；将折边缝牢固，缝线松紧适度，布料表面平服。该针法常用于服装折边、脚口、商标边沿等。

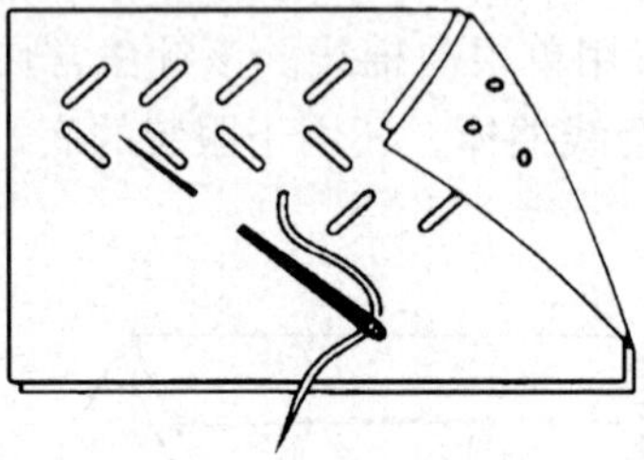

图1—13　纳针

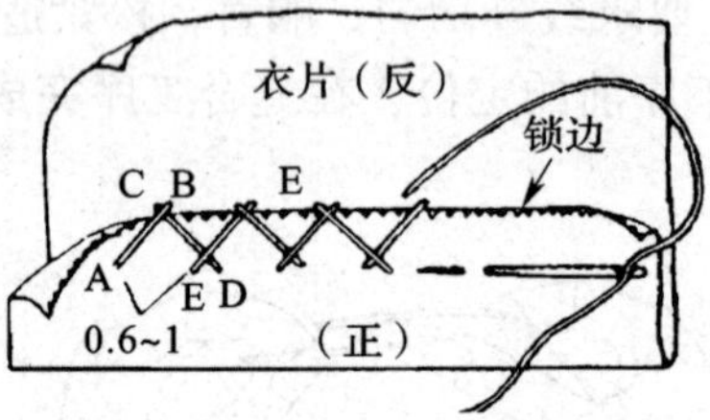

图1—14　三角针

六、回针和倒钩针

1. 回针

回针又称顺钩针，如图1—15所示。方法：自右向左运针，针、线在布料上面时，先向右退半针，将针扎到布料底面向左一针的距离再将针穿出，再向右退到前半针的位置向下扎针。该针法常用于对面料的加固。

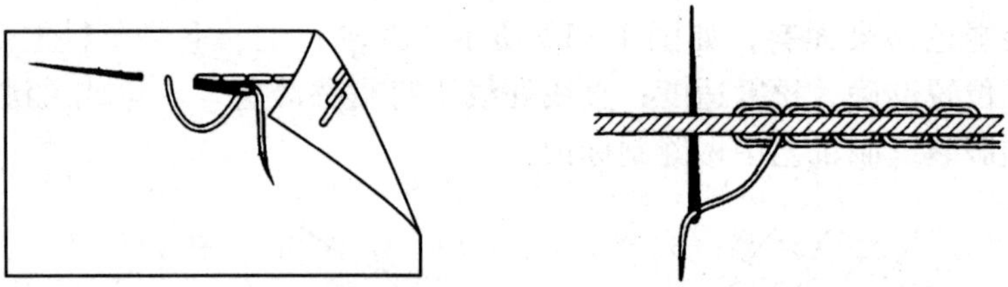

图1—15　回针

2. 倒钩针

倒钩针是倒针形的针法，如图1—16所示。方法：自左向右运针，一般是向前缝一针0.3 cm，再向后缝1 cm，也可适当调整向前、后缝的针距。每针缝线的松紧度可按衣片各部位归紧多少的需要灵活掌握。该针法常用于袖窿、领圈、裤裆等斜丝容易还口的部位，以加强牢度。

七、环针

环针是毛缝口环光的针法，其作用与拷边相同，如图1—17所示。要求缝子一般环牢0.6 cm，省尖处只能环牢0.3 cm。该针法常用于服装剪开的省缝或容易散开的毛缝。

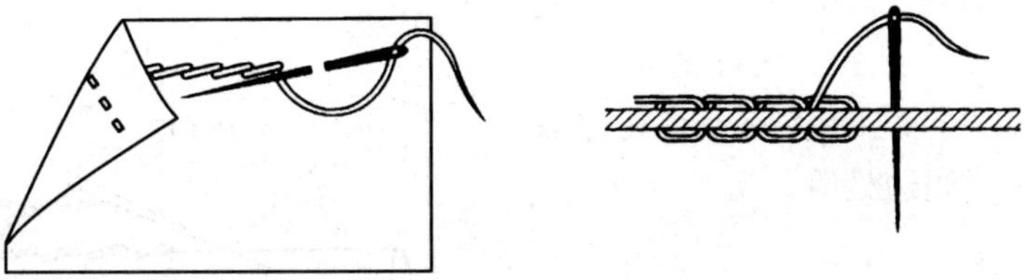

图 1—16　倒钩针

八、缲针

1．明缲针

明缲针是线缝略露在外面的针法，常用于服装的底边、袖口、袖窿、领里、裤底、膝盖绸等，如图 1—18 所示。

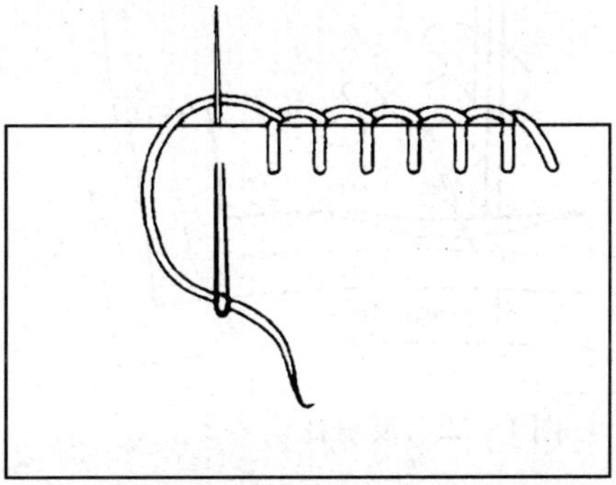

图 1—17　环针

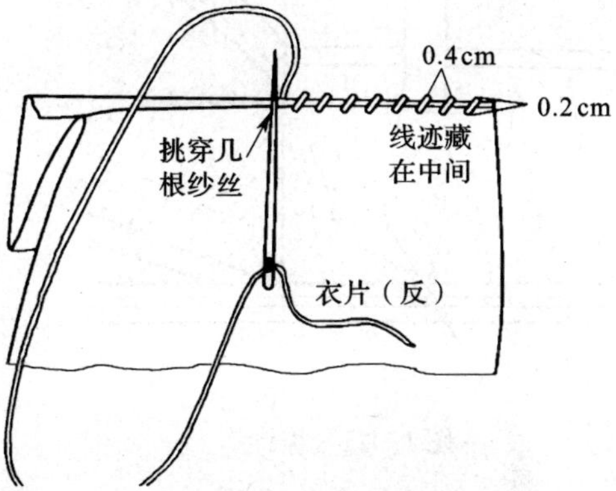

图 1　18　明缲针

2．暗缲针

暗缲针是线缝在底边缝口内的针法，衣片正面只能缲牢 1 或 2 根纱丝，不可有明显针迹，如图 1—19 所示。夹里底边和贴边都不露针迹，线缝在折边内。该针法常用于西服夹里的底边、袖口和毛呢服装底边的滚条贴边等，也可用于服装边面镶拼装饰片的固定。

九、串针

串针又称暗针，是对串缝合的针法，针迹在缝子夹层内，上下对串，正面不露针迹，如图 1—20 所示。该针法常用于西服与挂面串口处的缝合，尤其适用于领与驳头对条、对格的要求。

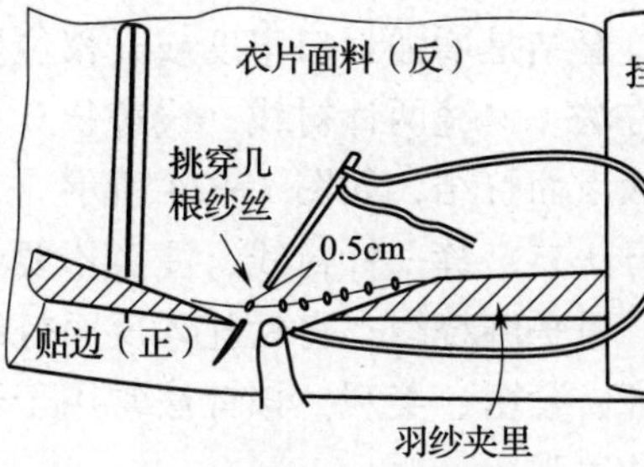

图 1—19　暗缲针

十、缭针和反缭针

1．缭针

缭针是将牵带布缭在衬布的针法，针由外向里斜入，如直接缭住面料，只能缝牢面料 1 或 2 根纱丝，如图 1—21 所示。该针法常用于前衣片胸衬止口、驳口线的牵带，或其他敷牵带部位，如背衩、底边处等。

2. 反缭针

反缭针是将衬布缭在面料上的针法，线结缝在衬布上，翻开衬布，缝牢面料 1 ~ 2 根纱丝，再倒退缝牢衬布与面料，如图 1—22 所示。

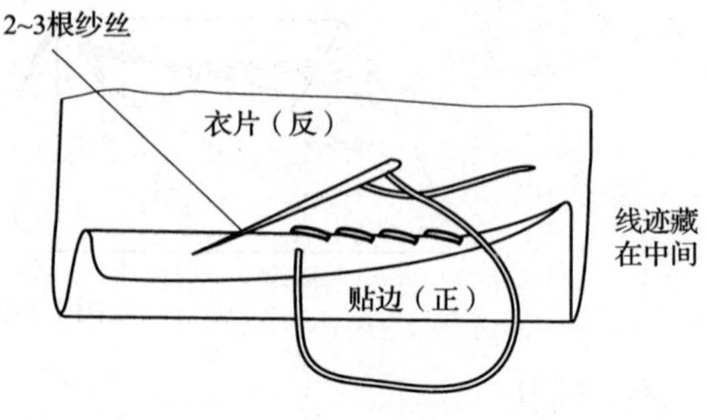

图 1—20　串针

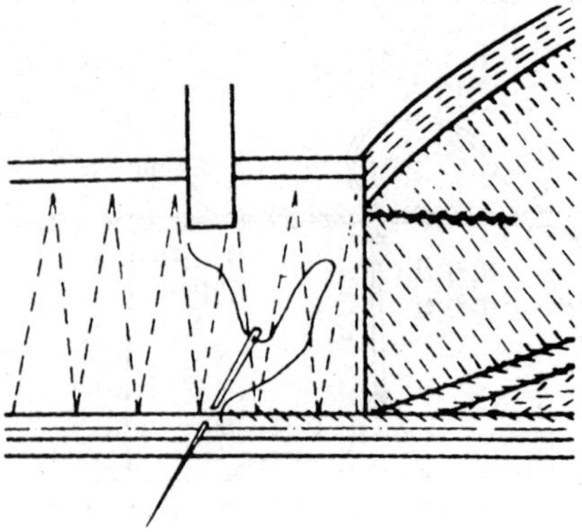
图 1—21　缭针

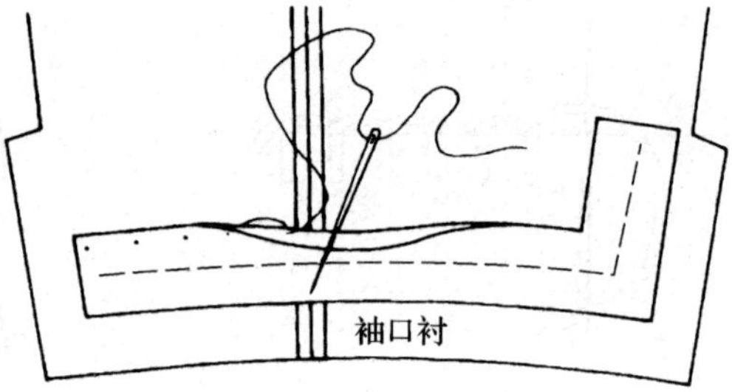

图 1—22　反缭针

十一、拉线袢

拉线袢为钩针针法，是在衣片上将缝线连续环套成小袢的针法。第一针从面料反面穿出，先缝两行线，针穿过两行线内，用左手套住线圈，左手中指钩住缝线，放开左手套住的线圈，右手拉线，形成线袢。如此循环往复至需要的长度，将缝线带出穿过线圈，将线袢尾部固定在要求的部位，如图 1—23 所示。拉线袢时双手要配合好，线圈应大小均匀、松紧适度。该针法常用于扣袢、腰袢、夹衣活底摆里和面的连接。

十二、打套结

打套结是增强封口牢度或开衩位置起加固作用的针法，有以下两种方式：

方法一：缝两针衬线，线迹长 0.6 cm，用环针针法锁出一行排列紧密的线结，最后将针扎入反面打结，如图 1—24 所示。

方法二：缝一针衬线，注意不要将针拔出，将线在针尖上缠绕出套结长度；拔出针，拉缝线，捋平缠绕线；将针扎入反面打结，如图 1—25 所示。要求：衬线不宜抽得过紧，线结要整齐、紧密、美观。该针法常用于开衩口、插袋口的两端和裤子门里襟的封口，以增强其牢度和美观。

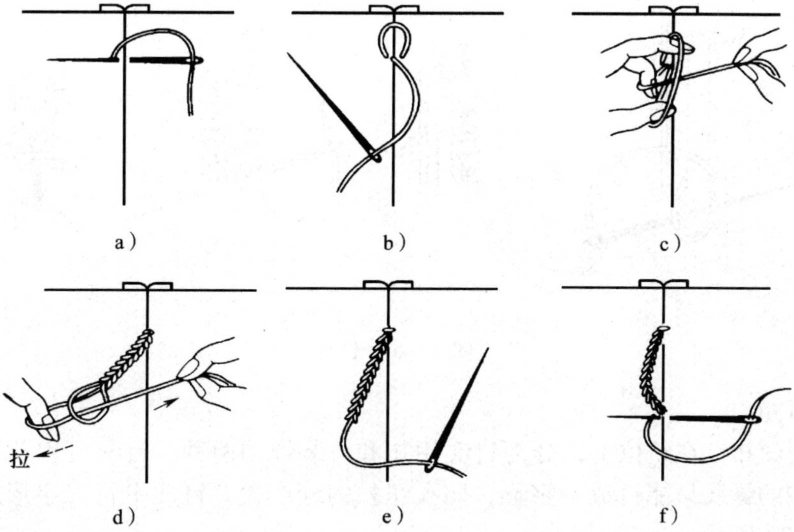

图 1—23　拉线袢

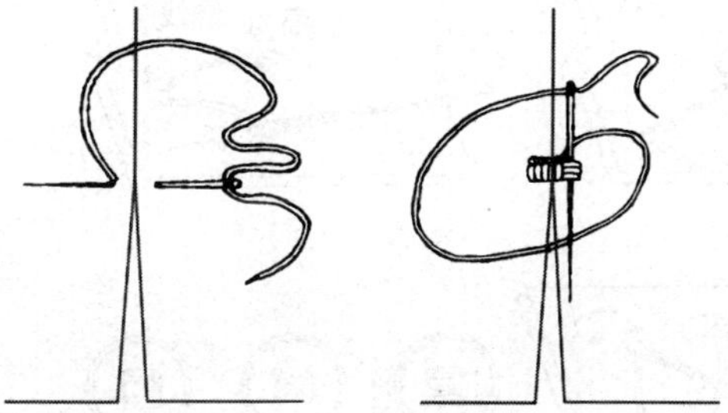

图 1—24　打套结方法一

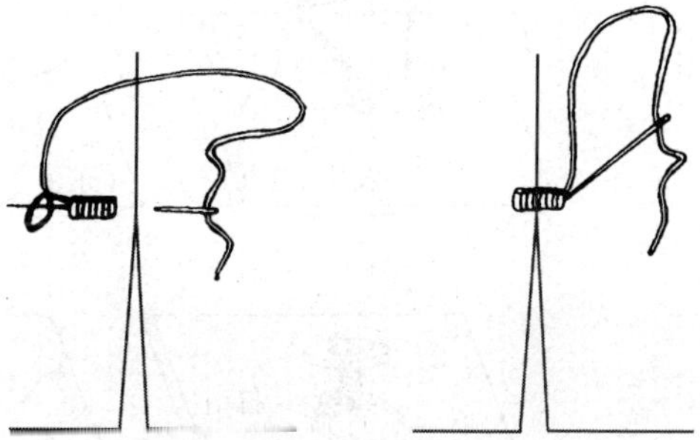

图 1—25　打套结方法二

十三、锁针

锁针是把毛缝锁光的针法。锁针法具有一定的耐磨性和装饰性，多用于锁扣眼，扣眼有平头和圆头之分。锁圆头扣眼用于锁裤子和外衣的扣眼，如图 1—26 所示。锁平头扣眼用于锁衬衫和内衣的扣眼。平头扣眼不用剪圆头，头尾两端都封口。其余锁法同圆头扣眼。

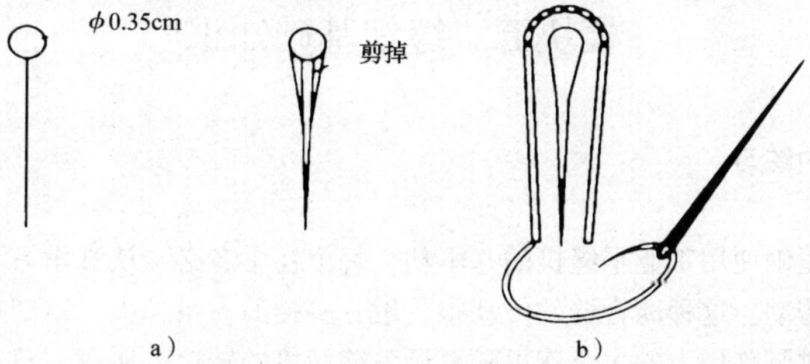

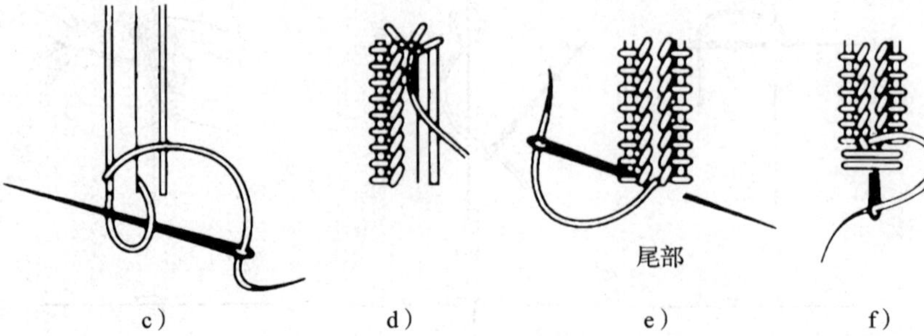

图 1—26　锁针

十四、钉扣

钉扣是把纽扣钉在纽位上，分为钉实用扣和钉装饰扣两种。钉线可用单线，也可用双线。两孔纽扣的缝线只能钉成一字形，四孔纽扣的缝线大多钉成平行二字形或交叉形、方形，如图 1—27 所示。

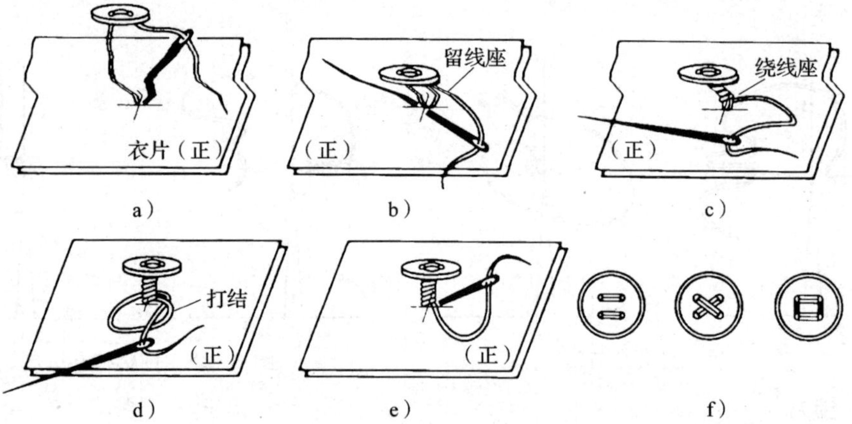

图 1—27　钉扣

模块五　缝纫基础知识

一、缝纫前的练习

1. 踏机练习

踏机练习是正确使用工业平缝机的基本功，每个初学者必须认真学习。电动平缝机是靠电动机、离合器传动。这种离合器的传动很灵敏，脚踏的力量越大，缝纫速度越快；反之缝纫速度则慢。通过脚踏用力的大小就可随意调整缝纫机的转速。所以，只有加强练习，才能掌握好工业平缝机的使用。练习步骤如下：

（1）身体坐正，坐凳不要太高或太低。

（2）将右脚放在脚踏板上，右膝靠在膝控压脚的碰块上，练习抬、放压脚，以会为准。

（3）稳机练习（不安装机针，不穿引缝线）。做起步、慢速、中速、停机练习，起步时要缓慢用力（切勿用力过大），停机要迅速、准确。练习以慢速、中速为主，反复进行，熟练掌握为准。

（4）倒顺送料练习。用两层纸或一层厚纸做起缝、打倒顺练习。

2. 空车缉纸训练

在较好掌握空车转的基础上进行不引线的缉纸练习。先缉直线，后缉弧线，然后进入不同距离的平行直线、弧线的练习，还可以练习各种图形，使手、脚、眼协调配合，做到纸上针孔整齐、直线不弯、弧线圆顺、短针迹或转弯不出头。

二、缝纫前的准备

1. 针线的选用

机针型号规格有 9 号、11 号、14 号、16 号、18 号，号码越小针越细，号码越大针越粗。机针的选择是缝料越厚越硬，机针越粗；衣料越薄越软，机针越细，具体见表 1—10。缝线的选用在原则上同针一样。

表 1—10　　　　机针的选用

机针型号	9	11	14	16	18
用　途	薄料	丝绸料	中厚料棉	厚料	牛仔及粗呢

2. 针迹和针距的调节

针迹清晰、整齐，针距密度合适都是衡量缝纫质量的重要方面。针迹的调节由调节装置控制，往左旋针迹长，往右旋针迹短（密）。针迹的调节也必须按衣料的厚薄、松紧、软硬合理进行。缝薄、松、软的衣料时，底面线应适当放松，压脚压力送布牙也应适当放低，这样缝纫时可避免皱缩现象。表面起绒的面料，为使线迹清晰，可以略将面线放松。卷缉贴边时，因反缉可将底线略放松。

机缝前必须先将针距调节好。缝纫针距要适当，针距过稀不仅不美观，而且影响牢度。针距过密也不好看，而且易损衣料。一般情况下，薄料、精纺料 3 cm 长度为 14 ~ 18 针，厚料、粗纺料 3 cm 长度为 8 ~ 12 针。

三、机缝的操作要领

1. 在衣片缝合无特殊要求的情况下，机缝时一般都要保持上下松紧一致，上、下衣片受到送布牙的直接推送作用走得较快，而上层受到压脚的阻力和送布牙间接推送而转慢，往往衣片缝合后上层长、下层短，或缝合的衣缝有松紧皱缩现象。所以，要针对机缝这些特点采取相应的操作方法。在开始缝合时就要注意手势，左手向前稍推送衣片，右手把下层稍拉紧，有的缝位过小不宜用手拉紧，可借助钻车或钳工来控制松紧。这样才能使上、下衣片始终保持松紧一致，不起涟形。这是最基本的操作要领。

2．机缝的确良时起落针根据需要可缉倒顺针。机缝断线一般可以重叠接线，但倒针交接不能出现双轨。

3．各种机缝要缝足缝份，不要有虚缝。

4．在卷边缝时，压止口和各种包缝的缉线也要注意上下层松紧一致。如果上下层错位，会形成斜纹涟形。

四、各种缝型的机缝方法

1．平缝（见图 1—28）

平缝用牙衣片拼接。把两层衣片正面相叠，沿着所留缝头进行缝合，一般缝头宽为 1 cm 左右。

2．分缝（见图 1—29）

分缝是指将两层衣片平缝后，将毛缝向两边分开，用于衣片的拼接。

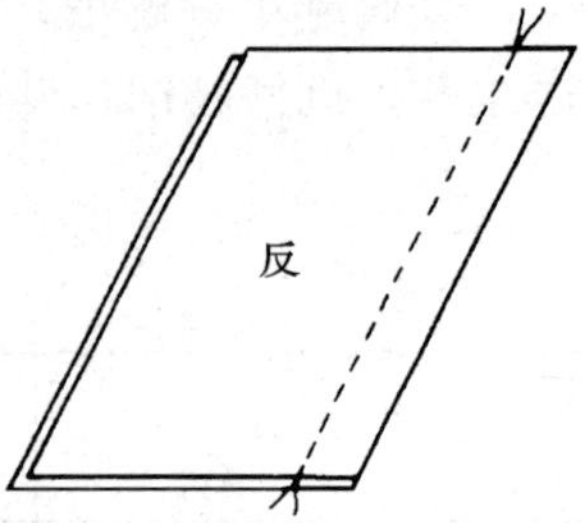

图 1—28　平缝

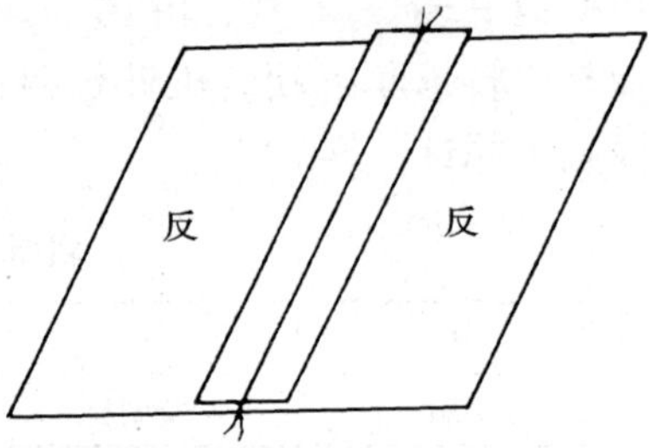

图 1—29　分缝

3．分缉缝（见图 1—30）

分缉缝是指两层衣片平缝后分缝，在衣片正面两边各压缉一道明线，用于衣片拼接部位的装饰和加固。

4．坐倒缝（见图 1—31）

坐倒缝是指两层衣片平缝后，毛缝单边坐倒，用于夹里与衬布的拼接部位。

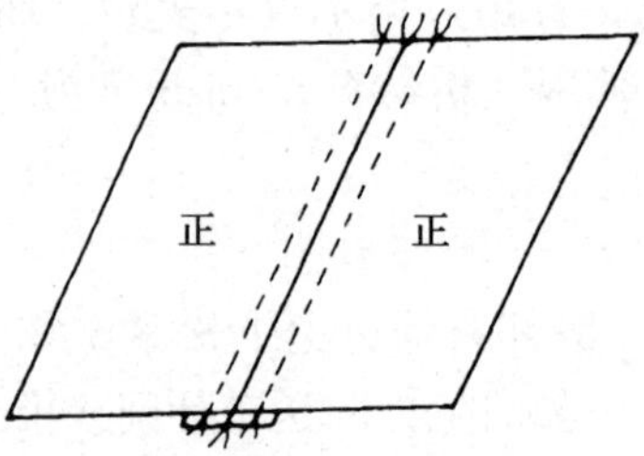

图 1—30　分缉缝

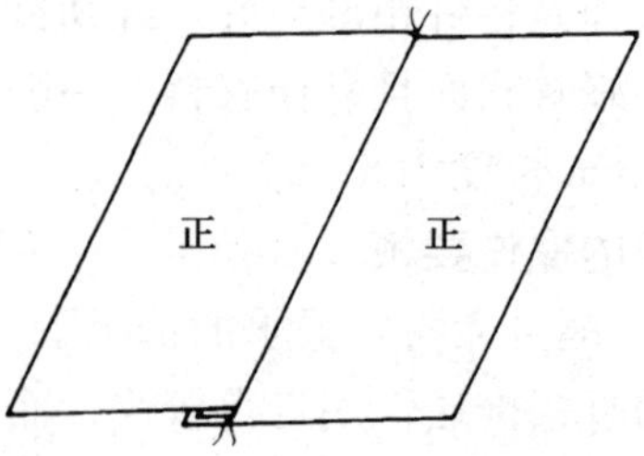

图 1—31　坐倒缝

5. 坐缉缝

坐缉缝是指两层衣片平缝后，毛缝单边坐倒，正面压一道明线，用于衣片拼接部位的加固。

6. 分坐缉缝（见图1—32）

分坐缉缝是指两层衣片平缝后，一层毛缝坐倒，缝口分开，在坐缝上压缉一道线，起加固作用，如裤子后裆缝等。

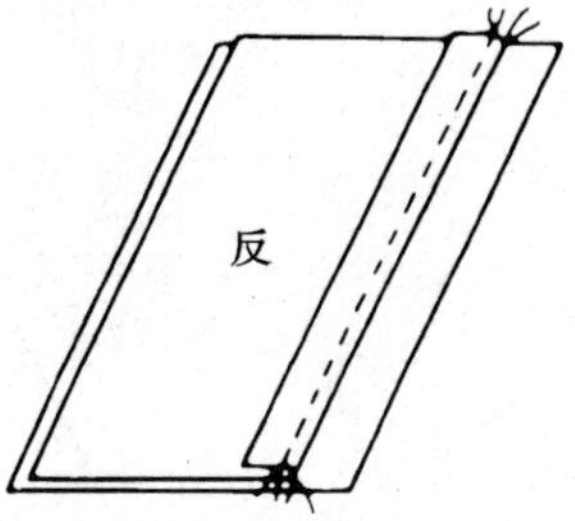

图1—32　分坐缉缝

7. 搭缝（见图1—33）

搭缝是指两层衣片缝头相搭1 cm，居中缉一道线，使缝子平薄、不起梗，用于衬布和某些需拼接又不显露在外面的部位。

8. 对拼缝（见图1—34）

对拼缝是指两层衣片不重叠，对拢后用Z形线迹来回缝缉，此缝比搭缝更平薄，适用于衬布的拼接。

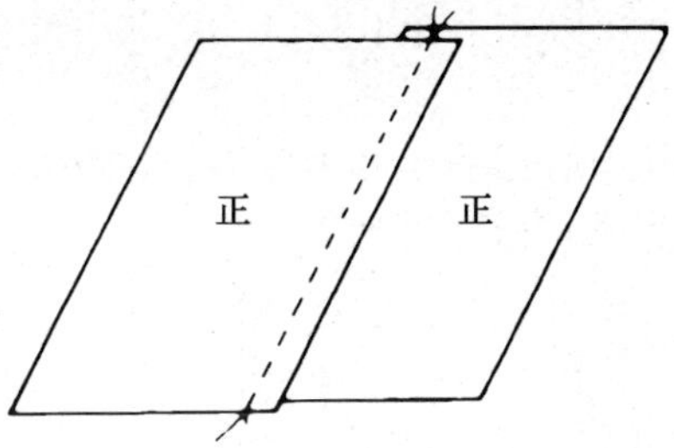

图1—33　搭缝

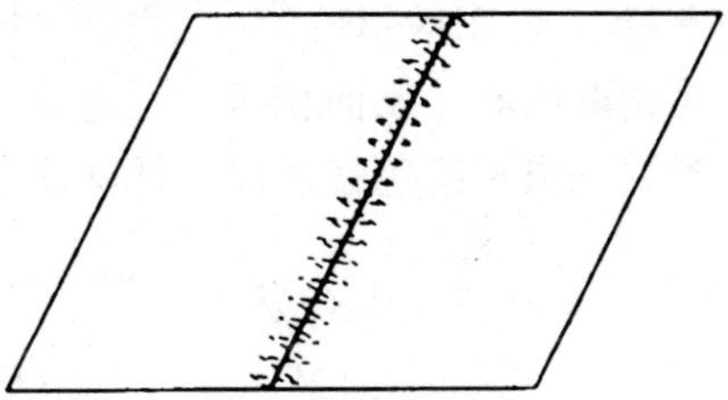

图1—34　对拼缝

9. 压缉缝（见图1—35）

压缉缝是指上层衣片缝口折光，盖住下层衣片缝头或对准下层衣片应缝的位置，正面压缉一道明线，用于装袖衩、袖克夫和领头、裤腰、贴袋或拼接等。

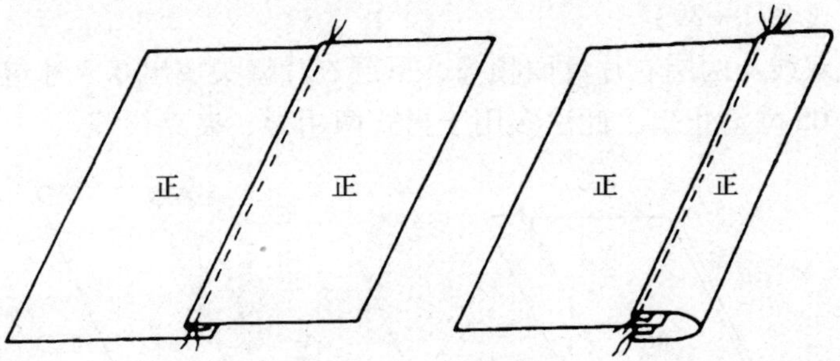

图1—35　压缉缝

10. 贴边缝（见图1—36）

贴边缝是指将衣片反面朝上，把缝头折光后再折转一定要求的宽度，沿贴边的边缘缉

0.1 cm 清止口。注意上下层松紧一致，防止起涟。

11. 包边缝（见图 1—37）

包边缝是指把包边缝面料两边折光，折烫成双层，下层略宽于上层，把衣片夹在中间，沿上层边缘缉 0.1 cm 清止口，把上、中、下三层一起缝牢。此法多用于装袖衩、裤腰等。

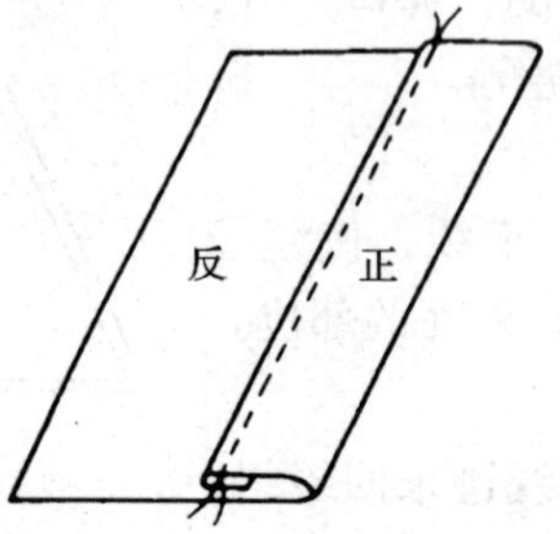

图 1—36 贴边缝

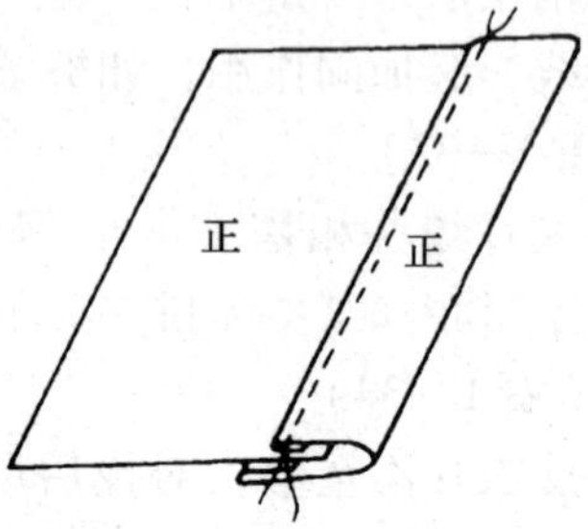

图 1—37　包边缝

12. 来去缝（见图 1—38）

来去缝是指两层衣片反面相叠，平缝 0.1 寸缝头后把毛丝修剪整齐，翻转后正面相叠合缉 0.3 寸，把第一道毛缝包在里面。此法多用于薄料衬衫、衬裤等。

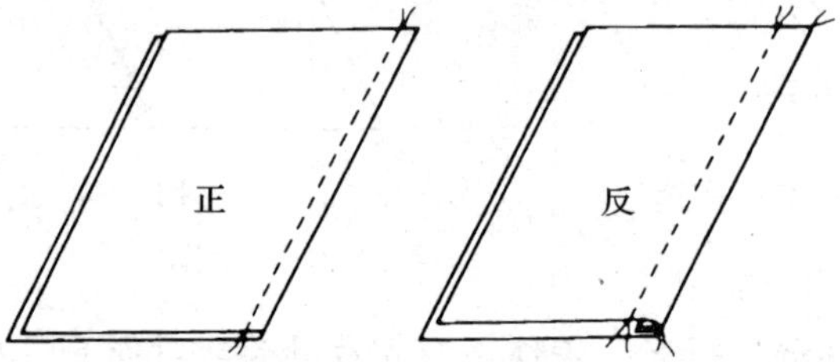

图 1—38　来去缝

13. 明包缝（见图 1—39）

明包缝明缉成双线。两层衣片反面相叠，下层衣片缝头放出 0.3 寸包转，再把包缝向上层正面坐倒，缉 0.05 寸清止口。此法多用于男式两用衫、夹克衫等。

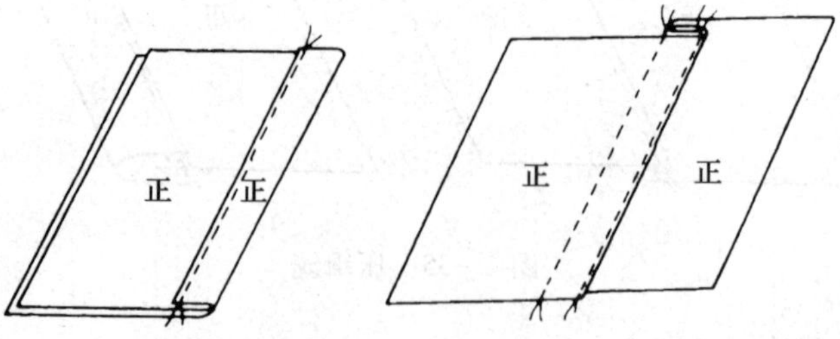

图 1—39　明包缝

14. 暗包缝（见图 1—40）

暗包缝明缉成单线。两层衣片正面相叠，下层放边 0.3 寸缝头，包转上层，缉 0.1 寸清止口，再把包缝向上层衣片反面坐倒。此法多用于夹克衫等。

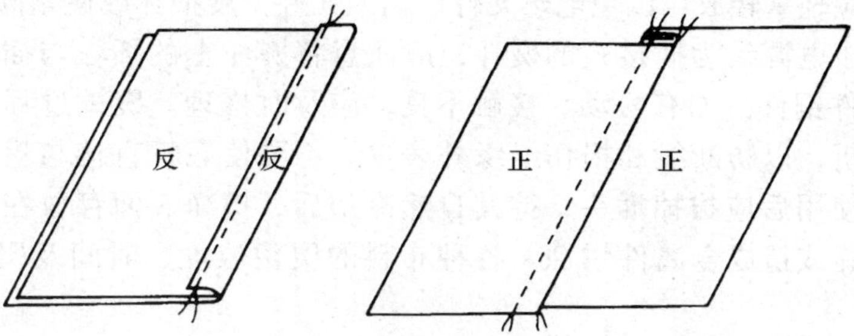

图 1—40　暗包缝

模块六　熨烫基础知识

一、熨烫工具

1. 熨斗

熨斗有电熨斗、蒸汽熨斗、电热蒸汽熨斗几种类型，一般均有调温装置，可根据面料耐热性的不同来调节熨烫温度，以免烫缩或烫焦。

2. 水布

熨烫时，水布用于盖在面料之上，以防将面料烫脏、烫黄或烫出极光。一般常用退过浆的白棉布。

3. 垫呢

垫呢一般采用棉毯或吸水性较好且厚实的线毯，上面再盖一层白棉布作为垫布，熨烫时垫在衣物下面。

4. 布馒头

布馒头常用于熨烫服装的胸、背、臀等丰满突出的部位。

5. 铁凳

铁凳在熨烫中常用于烫肩、袖窿、裆部等不易摆放平整的部位。

6. 拱形烫木

拱形烫木多用于分烫衣物筒形部位的缝份，如袖缝、裤缝等，也可在熨烫中按压缝份，使缝口薄而平整。

7. 烫台

烫台是与熨斗配合使用共同完成服装熨烫作业的设备，其配有不同形状的布馒头，组成具有各种特殊功能的专用熨烫台。现在工业生产中使用的烫台多为真空烫台，可使熨烫后的衣物迅速干燥、冷却。

二、电熨斗的正确使用与保养

使用熨斗时应轻拿轻放，以免电热元件、调温元件受震损坏或使紧固件松动，或者碰伤熨斗表面。对于电源线为插接式的熨斗，应注意将熨斗上的插柱与插座插牢，以免接触不良而烧坏插件铜件。如有松动、接触不良，应及时修理。熨烫过程中，应注意避免电源线打结、硬折，以防断线和损伤绝缘外表皮。不要使底板直接与粗硬物接触，以保持光洁。电熨斗使用后应拔掉插头，待其自然冷却后，擦净表面存放在干燥处，以免受潮而影响绝缘性能或造成金属件锈蚀。各种布料的熨烫温度、时间及熨烫方法见表1—11。

表1—11　　各种布料的熨烫温度、时间及熨烫方法

衣料名称	熨烫温度（℃）	原位熨烫时间（s）	熨烫方法
尼龙	60～100	3～5	干烫
丝绸	130～160	3～4	干烫
绒布	135～160	3～5	喷水熨烫
印花布	160～180	3～5	喷水熨烫
全棉府绸	160～190	3～5	喷水熨烫
华达呢	170～190	5	喷水熨烫
灯芯绒	140～170	4～5	盖湿布熨烫
劳动布	150～190	5～10	喷水熨烫
漂布	135～160	3～4	盖湿布熨烫
全毛呢绒	180～190	10	盖湿布熨烫
粗厚呢	180～190	10	盖湿布熨烫
涤纶	140～170	3～5	喷水熨烫
锦纶	90～120	5	喷水熨烫
维纶	110～140	3～5	喷水熨烫
腈纶	140～160	5	喷水熨烫
棉布	190～210	3～5	喷水熨烫
羊毛	160～190	3～5	喷水熨烫
细麻布	210～230	5	干烫
卡其布	170～200	5	喷水熨烫

三、熨烫三要素

1. 温度

熨烫是热定型，离不开温度。不同的纤维，其结构、性质不同，因而熨烫所需的温度也不同。温度过低，达不到热定型的目的；而温度过高又会损伤纤维，甚至使纤维熔化或炭化。对于用混纺或交织面料缝制的服装，其熨烫温度的选择应就低不就高，即按其中耐热性最差的纤维的熨烫温度来确定。服装的熨烫温度还应考虑其质地的厚薄及色泽等因素。厚的，其熨烫温度可适当高一些；薄的，则熨烫温度低一些。对于易变色的材质，熨烫温度也应适当降低。

2. 湿度

湿度又称含水度。熨烫时通常要在服装上洒水或隔着垫水布整烫，以利于借助水分子的润湿作用使纤维润湿、膨胀、伸展，较快地进入预定的排列位置，在热作用下定型。

熨烫时对衣物的用水给湿量取决于衣料的纤维成分和厚薄程度。一般质地较轻薄的棉、麻、丝、粘胶、合成纤维服装都可以在熨烫前喷洒水，过一段时间，待水点化均匀后再熨烫。厚型的呢绒、涤纶、腈纶等服装，因质地厚实，给湿量要略多些，但水喷得过多，熨烫温度会下降，衣物不易烫干，而温度过高，纤维又不耐高温，因此最好垫一块湿布熨烫。如今，在工业生产中多用蒸汽熨斗完成给湿。

柞蚕丝服装一般不能喷水；否则易出现水渍印。维纶服装不能喷水，也不宜垫湿布熨烫，通常垫干布熨烫，因为维纶在潮湿状态下受到高温会收缩甚至熔融。

3. 压力和时间

有了一定的温度和适当的湿度，再给熨斗施加一定方向的压力，就能迫使纤维进一步伸展或折叠成所需要的形状，使纤维分子往一定的方向移动。一旦温度下降，纤维分子就在新的位置上固定下来，不再移动，从而完成服装的热定型。

熨烫压力的大小和时间的长短取决于纤维的种类和面料的质地。质地轻薄、组织结构较松的衣物，熨烫压力宜轻，时间宜短；质地较厚、组织结构较紧密的面料，熨烫压力宜大，时间宜长。垫湿布熨烫时用力要重，而湿布烫干后压力要逐步减轻，以免造成不正常的发亮，即极光。熨烫丝绒、长毛绒、灯芯绒、平绒等服装时，压力切忌过重，以防止绒面倒伏，产生极光或影响质量。另外，熨斗应避免在服装某一位置停留时间过久或过重，以防止服装上留下熨斗的印痕或变色。

四、熨烫方法

根据不同的熨烫目的和要求采取不同的熨烫方法。

1. 平烫

平烫是指将衣物放在衬布上，依据要求烫平。该方法多用于面料的预缩、去皱和衣物的整理。

方法：将有皱褶的面料或衣物平铺在烫台上。待蒸汽熨斗达到所要求的温度时，右手拿熨斗，从右向左、自下而上熨烫。左手轻轻展平布料，右手食指按动蒸汽开关给湿，注意不要连续不断给湿，一般按一两次即可。当熨斗移动时，可略抬起熨斗，不要搓动面料或衣物。

如需做缩水处理，应多次反复喷水、平烫。平烫完成后，应将面料或衣物平铺或吊挂放置，待充分冷却干燥后再使用或收藏。

2. 起烫

起烫是清除织物表面的水花、极光或倒绒现象的熨烫方法。

（1）清除水花的方法。将带有水渍的布料铺在烫台上，盖一块湿布熨烫，熨斗要热，以保证湿布上的蒸汽可充分渗入织物内，使织物表面的水渍随之消散。

（2）消除极光、倒绒现象的方法。将有极光或倒绒的织物铺在烫台上，取一块含水量较大的湿布放在织物上，或使用蒸汽熨斗连续给气，反复熨烫。注意熨斗不能压住织物，应略离开织物，烫好后可用毛刷顺丝绺清刷织物表面，使绒毛竖起。

3. 分烫

分烫又称劈烫、分缝、劈缝，是将缝份分别倒向两边烫平的方法。

方法：如图1—41所示，将平缝好的布料反面向上平铺在烫台上；左手扒开缝份，用熨斗尖部及前部压烫缝份；将布料正面翻向上，盖上烫布，用熨斗的整个底部将布料熨烫平整。

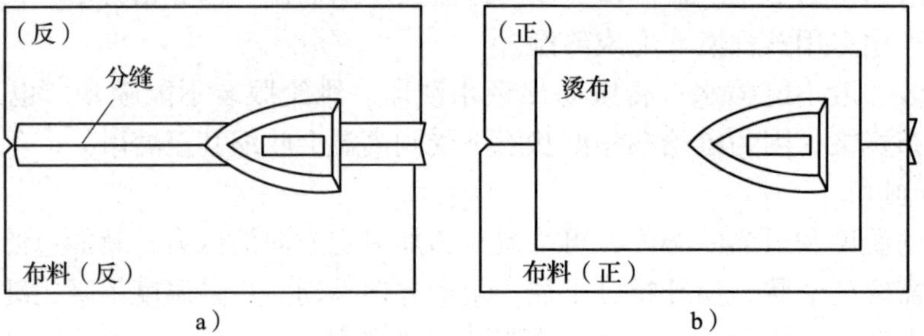

图1—41　分烫

4. 倒烫

倒烫又称倒缝，是将缝份倒向一侧的方法。

方法：如图1—42所示，将平缝好的布料反面向上平铺在烫台上；左手轻轻地将两层缝份压倒向一边，用熨斗尖部及前部压烫缝份；将布料正面翻向上，盖上烫布，用熨斗的整个底部将布料熨烫平整。

5. 扣烫

扣烫是将衣物的折边或缝份按要求扣压定型的方法，常用于服装的下摆和里子的缝份、贴袋等部位，有平扣烫、缩扣烫等方法。

（1）平扣烫的方法。如图1—43所示，将布料在烫台上摆放平整。左手将布边按工艺要求的宽度折起，右手持熨斗，用熨斗尖压住贴边，边喷汽边将其烫平。里子缝口处扣烫时通常要留掩皮。将按1 cm缝份缝合的两片里料铺好，按1.3 cm宽折扣缝边并烫平，留0.3 cm宽的掩皮量。

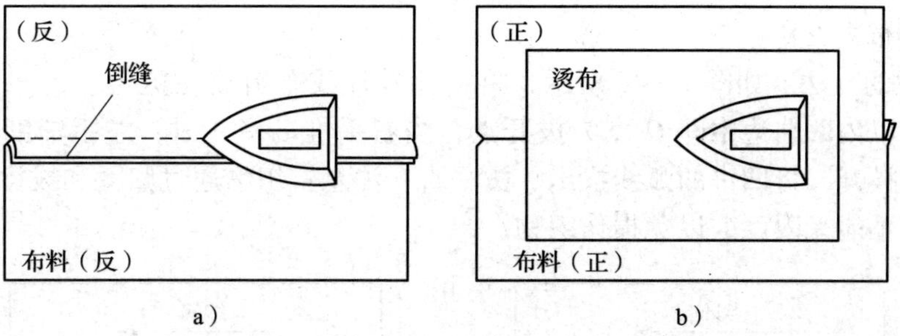

图 1—42　倒烫

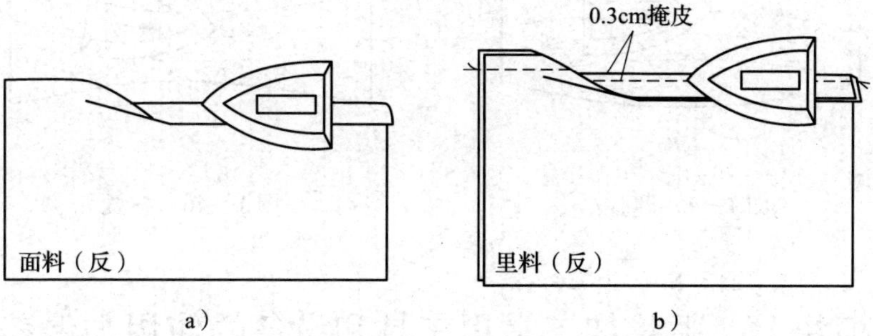

图 1—43　平扣烫

（2）缩扣烫的方法。如图 1—44 所示，将布料反面向上平铺在烫台上，将所烫衣片的样板放在布料上。左手折边，右手持熨斗喷汽归烫。如不圆顺，需按样板重新熨烫，直至圆顺为止。也可在缝份的中间位置先车缝一道线，抽紧缝线，使折边自然卷折出所需的宽度，然后用熨斗烫平。

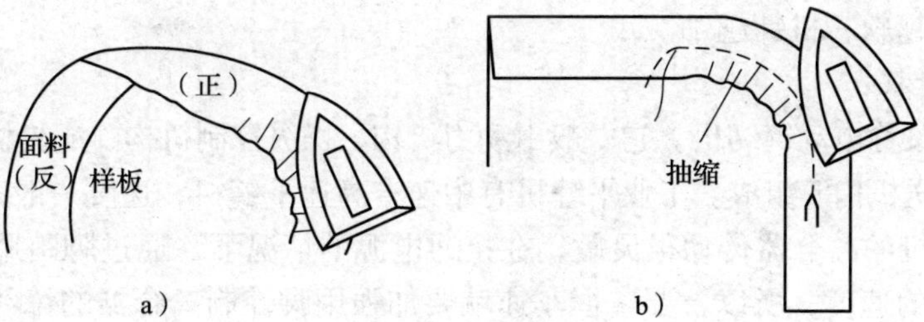

图 1—44　缩扣烫

6. 归烫和拔烫

归烫和拔烫是利用毛织物的可塑性，通过湿热处理将衣片的平面塑造成符合人体立体结构的方法。“归”就是收缩归拢，“拔”就是伸张拔开，因此在归拔工艺中就有收、归、拢、推、拉、拔一系列相互配合的基本动作。

（1）归烫的方法。如图 1—45 所示，将一片衣片或布料放在烫台上，向外凸出的一边靠近操作者。以外凸曲边中间 O 点为归拢点，围绕 O 点做弧线归烫，左手辅助拉拢布边，将凸出的弧形布边烫直。

（2）拔烫的方法。如图 1—46 所示，将一片衣片或布料放在烫台上，向内凹进的一边靠近操作者。以内凹曲边中间 O 点为拔开点，当右手推动熨斗时，左手辅助拉开布边，使布料直纱间隙拔开，将凹进的弧线拔出、烫平直。注意：织物通过归烫和拔烫而变形，但要有一定限度，不能无限度，以免损伤织物。

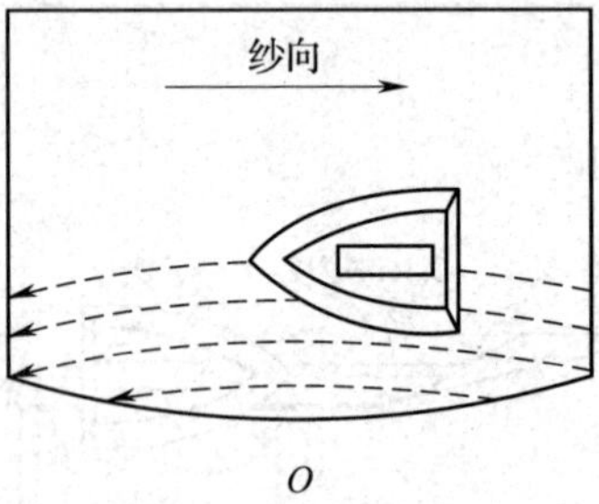

图 1—45　归烫

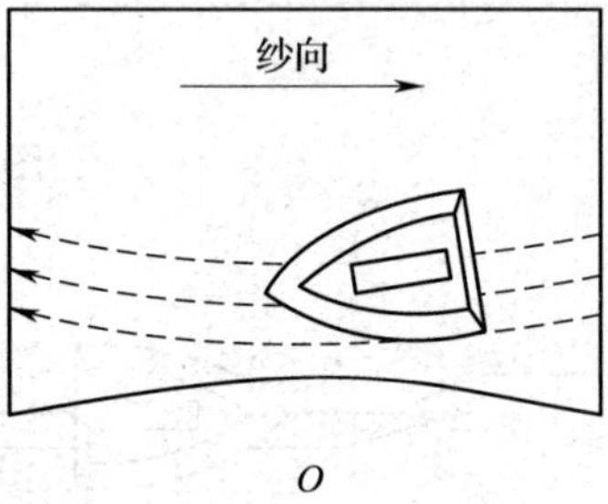

图 1—46　拔烫

模块七　服装加工常用工具和设备的使用与保养

一、服装加工常用工具和设备

1. 机针

平缝机机针型号规格有 9 号、11 号、14 号、16 号、18 号，机针的号码越小针就越细，号码越大针就越粗，所有规格的机针长短一致。机针选择的原则：缝料越厚、越硬，机针越粗；缝料越薄、越软，机针越细。

2. 工业平缝机

工业平缝机又称电动缝纫机。它一般由动力机构、操纵控制机构、成缝机构、针码密度调节机构、缝料输送机构等组成。工业平缝机有中速、高速平缝机，速度一般都在 2 500 针/min 以上。工业平缝机的离合器传动很灵敏，在接通电源的情况下，通过脚踏用力的大小就可以随意调整缝纫机的速度，所以，要掌握车速就要加强用脚控制离合器的练习。

3. 包缝机

包缝机又称拷边机或锁边机，是用于衣料裁剪边缘、防止纤维松散的设备，有单针、双针之分，常用的有三线包缝机、四线包缝机、五线包缝机等。

4. 镊子和锥子

镊子和锥子是缝纫辅助工具。镊子在缝纫时用来拔取线头或疏松缝线等。锥子在缝纫时用来拆除缝合线，挑领尖及衣服摆角等。

二、工业平缝机的使用

1. 机针的检查和安装

机针的检查主要是检查是否有针杆弯曲、针尖磨秃及有无弯尖和针孔毛刺等，如有以上现象，应校直、磨锋利后才能使用。

工业平缝机机针的安装方法如图1—47所示，转动上轮，将针杆上升到最高位置，旋松支针螺钉1，将针柄2插入针杆下端的针孔内，使其碰到针孔的底部为止。注意机针的长槽应位于操作者的左面。最后旋紧支会螺钉3。安装好后检查机针是否在针板孔的中间，再穿针试验，看是否断面线，若有断面线现象，则是机针长槽位置不正，应进行调整。

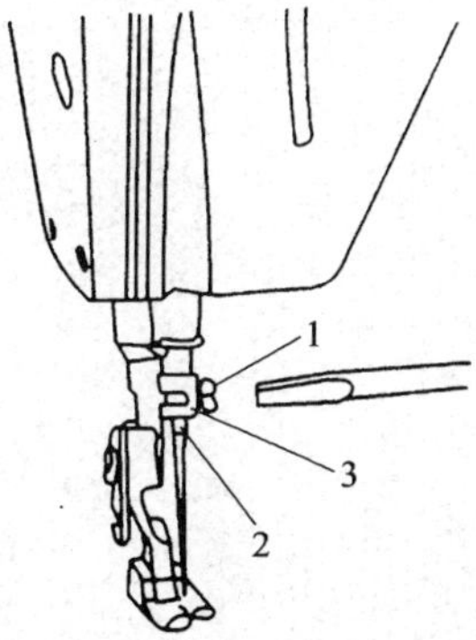

图1—47 机针的安装方法

1—支针螺钉 2—针柄

3—支会螺钉

2. 穿引面线和绕底线

（1）取梭芯和绕梭芯线。在取梭芯时，先拨动上轮，使针杆上升到最高位置，然后拉开推板，并扳起梭芯套上的梭门盖，向外拉出。取出梭芯套后，闭合梭门，即可将梭芯从梭芯套中取出。

绕梭芯线是在绕线器上进行的。如图1—48所示，把梭芯1插入绕线器轴2上，自线团来的线先穿入过线架3的线孔，再穿入夹线板4，然后把线头在梭芯上绕几圈，把满线跳板5向下揿压，绕线轮即压向皮带6。在缝纫过程中就能实现自动绕线，梭芯绕满后能自动跳开并停止。

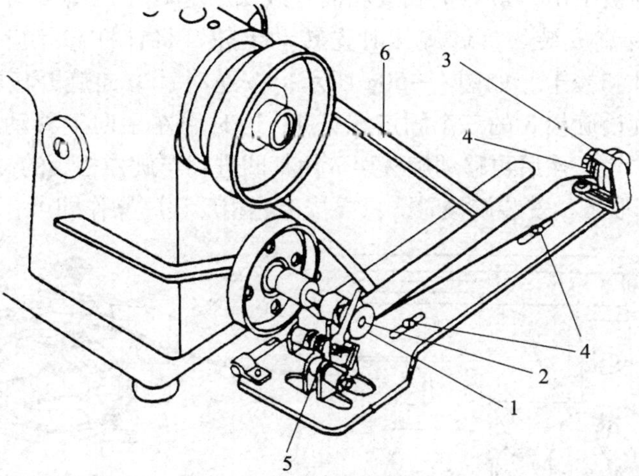

图1—48 绕梭芯线

1—梭芯 2—绕线器轴 3—过线架 4—夹线板 5—满线跳板 6—皮带

（2）将梭芯及梭芯套装入梭床。工业平缝机将梭芯和梭芯套装入梭床的方法可参照家用平缝机的方法。

（3）穿面线和引底线。穿面线的顺序如图1—49所示。由线团引出的面线穿入机头顶部过线钉 1 的孔中，再自上而下经过小线器的夹线板 2，然后穿过三眼线钩 3 的三个线眼，自右向左向下套入夹线器的夹线板 4 之间，再钩进挑线簧 5，向下绕过缓线调节钩 6，向上钩进过线环 7，再自右向左穿过挑线杆 8 的线孔，然后向下钩进线环钩 9 及针杆套筒线钩 10 和针杆过线孔 11。最后自左向右将缝线穿过机针针孔 12，并引出 100 mm 左右的线备用。

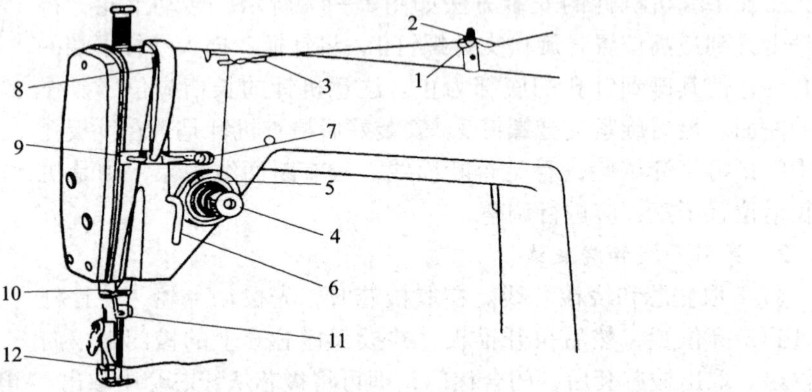

图 1—49　穿面线

1—过线钉　2—小线器夹线板　3—三眼线钩　4—夹线器夹线板　5—挑线簧　6—缓线调节钩
7—过线环　8—挑线杆　9—线环钩　10—针杆套筒线钩　11—针杆过线孔　12—机针针孔

引底线时，左手捏住面线线头，转动上轮使针杆向下运动，并回升到最高位置，然后拉起面线线头，底线即被引出，最后把底线和面线线头一起置于压脚下面。

（4）旋梭的拆卸和安装。拆卸旋梭时先转动上轮，将针杆和牙齿同时升到最高位置，拆下针板，取下机针和梭子。如图 1—50a 所示，按逆时针方向旋开旋梭定位钩螺钉 1，将定位钩 2 取下，再旋松旋梭 3 的三个固定螺钉 4。这时用左手向上移动旋梭板 5，使旋梭板到达送布牙架 6 的位置，然后再移动旋梭架 7 使其凹进到与旋梭相反的位置 8。此时可用手轻轻左右晃动旋梭将其取下。安装旋梭时，只要按上述相反程序操作即可，如图 1—50b 所示。

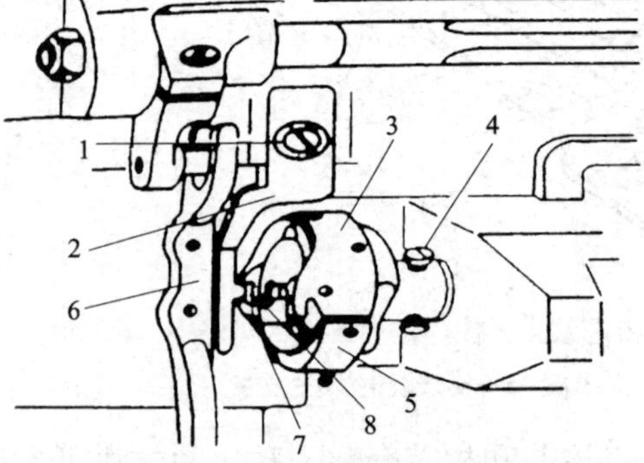

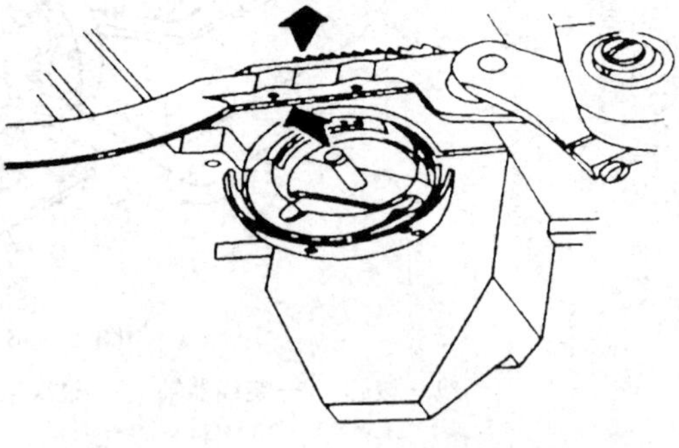

图 1—50　旋梭的拆卸与安装

1—定位钩螺钉　2—定位钩　3—旋梭　4—固定螺钉　5—旋梭板　6—送布牙架　7—旋梭架　8—凹进位置

3．倒顺缝

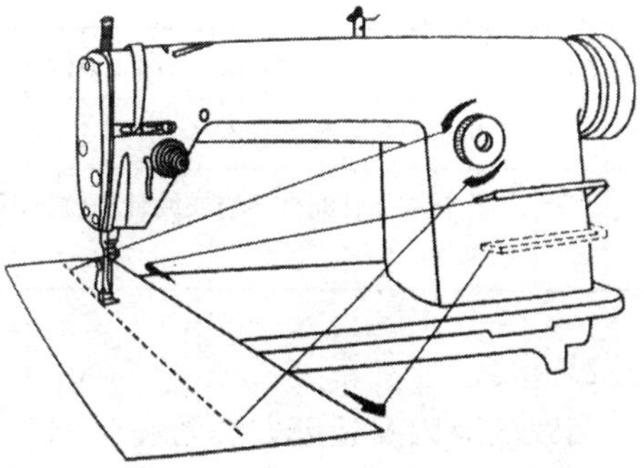

图 1—51　倒顺缝

工业平缝机工作时，绝大多数的线缝是顺缝。工业平缝机一般都有倒向送料控制装置，需要倒向送料时，只需将倒送扳手向下揿压至虚线位置即能进行倒送，如图 1—51 所示。手放松后，倒送扳手自动复位，又恢复顺向送料。

三、缝纫机常见故障分析及处理方法

缝韧机常见的故障主要有跳线、断线、断针、花针、缝料起皱、线迹不良、针洞、上弯针线跳针、下弯针线跳针等。下面介绍这些故障的具体形式、产生原因及处理方法。

1．跳线

跳线的原因及处理方法见表 1—12。

表 1—12　　跳线的原因及处理方法

序号	故障形式及产生原因	处理方法
1	穿线方法不正确	按照穿线图重新穿线
2	直机针的安装不正确	检查机针高度及面向位置，使机针向下运动时略靠针板孔前方
3	直机针针尖有毛刺或弯曲	更换新机针
4	弯针针尖变钝	用油石或细砂纸修磨，也可换新弯针
5	缝线张力太大或太小	适当调节缝线张力
6	弯针不能套住右边直机针的线环，下装饰线的右边线迹跳针，直机针的线环太小	适当增大跳线量
7	弯针不能套住左边直机针的线环，下装饰线的左边线迹跳针，直机针的线环过大	适当减小跳线量
8	弯针不能同时钩住中间和左边直机针线环，下装饰线的中间线和左边线迹都跳针	适当减小跳线量
9	弯针背面中间、左边针线不能穿进编织针线和弯针线的三角形，左面线迹的背面中间跳针	检查缝线是否穿过夹线器，检查底线凸轮的同步工作，如有问题按标准重新调整
10	机针与弯针配合不当	检查针杆高度、机针与弯针之间的同步情况，如有问题按标准重新调整

续表

序号	故障形式及产生原因	处理方法
11	机针与护针杆配合不当	检查机针与护针杆位置
12	机针与绷针配合不当或绷针的位置不对，造成上装饰线跳针	检查机针与绷针的配合尺寸，检查绷针线的出线量

2．断线

断线的原因及处理方法见表1—13。

表1—13　　断线的原因及处理方法

序号	故障形式及产生原因	处理方法
1	穿线方法不正确	按照穿线图重新穿线
2	机针安装不正确	重新安装机针，使针槽正对操作者
3	机针针眼及针槽不光滑	更换新机针
4	缝线张力太大	适当调整缝线张力
5	缝线质量太差	改用较好的缝线
6	缝线比针眼粗	换用适中的缝线或机针
7	机针、弯针、针板、压脚舌、过线孔等有毛刺或刮伤现象	用油石或细砂纸重新打磨，也可更换刮伤的机件
8	机针与弯针、绷针配合不当	按机针与弯针、绷针的配合标准重新调整

3．断针

断针的原因及处理方法见表1—14。

表1—14　　断针的原因及处理方法

序号	故障形式及产生原因	处理方法
1	压脚压力太小，送布不良	适当增大压脚压力，使送布正常
2	弯针与直机针相碰	按标准调整弯针与直机针的配合位置
3	绷针与直机针相碰	按标准调整绷针与直机针的配合位置
4	直机针与护针杆配合不当	按标准调整直机针与护针杆的配合情况
5	弯针尖圆秃	更换新弯针
6	针杆和针杆套筒磨损太大	使针杆与针杆套筒配合松动，更换针杆和针杆套筒
7	针板上的针眼太小	更新大针眼针板或换小号机针
8	机件松动较大	检查钩线机构各机件之间的配合和磨损情况，按标准调整配合尺寸，更换磨损严重的机件

4. 花针

花针的原因及处理方法见表 1—15。

表 1—15　　花针的原因及处理方法

序号	故障形式及产生原因	处理方法
1	直机针太低，使直机针线圈太大，线圈之间相互交织在一起	按直机针高度定位标准重新定位
2	针板舌头太窄，使直机针线圈容易拼拢	更换新针板
3	弯针下面太窄且呈圆形，容易使直针线圈在弯针上不能各自分开，使线圈相互交织在一起而产生花针	更换新弯针
4	直机针与弯针配合不良	按标准调整直机针与弯针的配合位置

5. 缝料起皱

缝料起皱的原因及处理方法见表 1—16。

表 1—16　　缝料起皱的原因及处理方法

序号	故障形式及产生原因	处理方法
1	差动送料比率不当	适当调整差动送料比率
2	送布牙高低、前后位置不当	按标准重新调整送布牙高低、前后位置
3	缝线张力过大	适当调整缝线张力
4	压脚压力太大或太小	适当调整压脚压力
5	小压脚不能上下灵活运动，大、小压脚之间嵌入缝线或生锈	清除大、小压脚之间的异物，对生锈的压脚除锈或更换

6. 线迹不良

线迹不良的原因及处理方法见表 1—17。

表 1—17　　线迹不良的原因及处理方法

序号	故障形式及产生原因	处理方法
1	线的粗细不一	改用较好的缝线
2	夹线器工作不正常	清除夹线器内杂尘，使过线平顺
3	过线器定位不正确	调整直针线、弯针线、绷针线的张力
4	过线孔不光滑	打磨或抛光过线孔

7. 针洞

针洞的原因及处理方法见表 1—18。

表 1—18　　针洞的原因及处理方法

序号	故障形式及产生原因	处理方法
1	直机针针尖钝或有毛刺	更换机针
2	与缝料比较机针太粗	改用较细的机针
3	针板眼太小或起边角	把针板眼修圆

8. 上弯针线跳针

上弯针线跳针的原因及处理方法见表 1—19。

表 1—19　　上弯针线跳针的原因及处理方法

序号	故障形式及产生原因	处理方法
1	机针与上弯针定位不准	重新调整机针和弯针位置
2	机针与上弯针间隙太大	重新调整弯针位置
3	针与钩针之间关系错误	重新调整针与钩针的关系
4	穿线错误	重新正确穿线
5	针安装错误	重新正确安装针
6	控线压力太强或太弱	调整控线强度
7	钩针尖端损坏或起毛刺	去除毛刺或换新钩针
8	针变弯	换新针
9	顶针片安装错误	重新正确安装顶针片

9. 下弯针线跳针

下弯针线跳针的原因及处理方法见表 1—20。

表 1—20　　下弯针线跳针的原因及处理方法

序号	故障形式及产生原因	处理方法
1	机针弯或针尖有毛刺	更换机针
2	机针方向不正	调整针眼方向，使机针长槽对准操作者
3	下弯针针头不尖	修磨下弯针针头或予以调换
4	护线板没有装正	调整护线板位置，使护线板靠拢机针
5	机针高度定位不准	按标准重新定位
6	下弯针与机针的间隙过大	按标准重新调整间隙
7	针和缝线选择不当，针太粗，线太细	正确选择针和线
8	下弯针返回量、高度不对	按标准调整机针与下弯针针尖左极限尺寸和下弯针高度

10．断机针

断机针的原因及处理方法见表1—21。

表1—21　　断机针的原因及处理方法

序号	故障形式及产生原因	处理方法
1	下弯针定位不准，将机针钩断	重新调整下弯针位置
2	机针尖与针杆中心不平行	校正针杆头或调换针夹，使机针尖和针杆中心平行
3	护针架位置不对	重新调整护针架位置
4	压脚槽与机针没有对准	调节压脚槽位置，使其与机针对准
5	针安装错误	重新装针，使长钩面向操作者
6	针尺寸不合适	选用适合布料的线和针
7	针变弯	换针
8	针与顶针片的关系错误	调节顶针片与针的关系
9	针与钩针的关系错误	调节钩针与针的关系
10	针未入针板槽或压脚槽中央	重新装针或针板，或高速压脚

11．断机针线

断机针线的原因及处理方法见表1—22。

表1—22　　断机针线的原因及处理方法

序号	故障形式及产生原因	处理方法
1	机针线夹线板压得过紧	旋松机针线夹线螺母
2	机针针尖有毛刺	更换机针
3	下弯针针尖有毛刺	修磨下弯针针尖或更换下弯针
4	送料牙有锋口	修磨或抛光送布牙齿面
5	小针板边缘有毛刺	将小针板边缘修光或抛光
6	线品质不好	改用品质好的线
7	线粗细不均匀或比与针相匹配的要粗	换适宜的针与线
8	穿线错误	重新正确穿线
9	控线压力太强	调整控线强度
10	针安装错误	重新正确装针
11	线架过线错误	重新装线架，使线能自如通过
12	针温度过高 （1）已无冷却油 （2）导针板装错	 （1）加油冷却 （2）调整导针板
13	控线片粗糙	用砂纸拉光滑后抛光
14	针与钩针的关系错误	调节针与钩针的关系

12．断上弯针线

断上弯针线的原因及处理方法见表1—23。

表1—23　　断上弯针线的原因及处理方法

序号	故障形式及产生原因	处理方法
1	缝线穿错或上弯针线夹线板压力过大	正确进行穿线或旋松上弯针线夹线螺母
2	上弯针针眼有毛刺	用线涂上抛光膏，穿进上弯针针眼内将孔拉光滑

13．断下弯针线

断下弯针线的原因及处理方法见表1—24。

表1—24　　断下弯针线的原因及处理方法

序号	故障形式及产生原因	处理方法
1	缝线穿错或下弯针线夹线板压力过大	正确进行穿线或旋松下弯针线夹线螺母
2	下弯针将小针板碰毛，引起断线	修磨小针板，按要求适当调低下弯针高度
3	下弯针针眼有毛刺	用线涂上抛光膏，穿进下弯针针眼内将孔拉光滑

14．缝制滑性缝料起皱

缝制滑性缝料起皱的原因及处理方法见表1—25。

表1—25　　缝制滑性缝料起皱的原因及处理方法

序号	故障形式及产生原因	处理方法
1	送料逆差比太小	将差动扳手向下移，直至缝料平整为止
2	压脚底面与送料牙平面不平	按技术要求调节
3	控线压力太强	重新调整控线强度
4	押具压力太强或太弱	调整押具压力
5	送料牙太凸出于针板	调整送料牙至正确高度
6	刀无法快切	修磨刀片或换新品，检查上、下刀的配合情况
7	差动送料配合不良	调节差动送料
8	针太粗	选用适合布料的线和针
9	包边宽度比针板舌窄	调整包边宽度或换针板舌

15．缝制弹性缝料产生伸缩

缝制弹性缝料产生伸缩的原因及处理方法见表1—26。

表 1—26　　缝制弹性缝料产生伸缩的原因及处理方法

序号	故障形式及产生原因	处理方法
1	送料牙顺差比太小，造成伸长	将差动扳手向“0”位上方移，直至缝料平整为止
2	送料牙顺差比太大，造成缩短	将差动扳手向“0”位方向移一些

16. 上下层缝料不齐

上下层缝料不齐的原因及处理方法见表 1—27。

表 1—27　　上下层缝料不齐的原因及处理方法

序号	故障形式及产生原因	处理方法
1	压脚压力过小	增大调压螺钉压力
2	压脚阻力太大或不平	抛光压脚前部或装平压脚
3	差动牙与送料牙齿面不在同一平面上	按要求调整送料牙的高度，使两者齿面平齐

17. 切边不整齐

切边不整齐的原因及处理方法见表 1—28。

表 1—28　　切边不整齐的原因及处理方法

序号	故障形式及产生原因	处理方法
1	上、下刀片磨钝	用金刚石砂轮或黑色碳化硅砂轮修磨上、下刀片刀口，然后用研磨膏研磨刀刃平面直至锋利
2	切刀接触不好、位置不当	按要求进行调整

18. 缝合不均

缝合不均的原因及处理方法见表 1—29。

表 1—29　　缝合不均的原因及处理方法

序号	故障形式及产生原因	处理方法
1	穿线错误	重新正确穿线
2	线架安装错误	重新装线架，使线能自如通过
3	下刀安装错误	重新安装下刀
4	刀剪布不整齐 （1）刀装错 （2）刀钝	 （1）调整刀的正确位置 （2）磨刀或换新品
5	过线孔擦伤	重新打光
6	针尖受损	更换新针
7	送料具高度不适宜	调整至正确高度

19. 漏油

漏油的原因及处理方法见表1—30。

表1—30　　漏油的原因及处理方法

序号	故障形式及产生原因	处理方法
1	送料牙架防油板损坏	调换防油板
2	盖板未盖平	检查其他部位或换密封橡胶，使各部位盖板盖平，然后旋紧各盖板螺钉

模块八　服装企业岗位职责

服装企业对制作工的初级技能定位是掌握一件服装的完整裁剪和制作技能。一名合格的服装制作工要综合掌握包括服装制板员、缝纫工、裁剪工、粘烫工、大烫工和包装工等岗位的工作内容，并胜任这些岗位工作。

一、制板员岗位职责

（1）服从技术部的工作安排，认真负责做好本职工作，熟悉所制款式各部位规格及工艺要求。

（2）根据合约规定的工艺标准要求和生产计划安排及时打出样板，确保在规定时间内完成制板工作。

（3）样板应写明款式、规格、丝缕、数量，注明眼刀、锁眼、绣花等位置，完成后由经办人先复查一遍，交指定人员复核。

（4）生产车间所用的净样板须配套完成，同时根据生产部的生产安排制作相应数量的净样板。

（5）每款纸样做全标志，妥善保管。

（6）认真听取生产一线的意见，及时纠正和改进样板的缺陷。

（7）与样衣工随时沟通，听取样衣工在制作过程中的问题，及时改进。

二、缝纫车工岗位职责

（1）服从班组长安排，对所分配的每道工序认真操作。

（2）按照跟单员或检验员的正确辅导进行每道工序的生产，如发现辅导与实际操作不相符，应及时反映。

（3）将裁片按顺序叠放，生产时对号缝制，如发现编号字迹潦草、模糊不清，应及时反映。

（4）保证本工序产品线头、粉迹清理干净。

（5）后道工序检查前一道工序。后道工序发现不合格现象的，应及时退回前道工序返工。

（6）虚心接受检验员的监督，及时做好本工序的返修工作。

（7）若生产过程中发生断针现象，应保持断针的完整，到检验员处签字后调换。如发现断针残缺，必须注明款式的跟踪卡号码或产品的部位，并在该产品上做明显标志。

（8）注意安全文明生产。

三、工艺员岗位职责

（1）熟练掌握每一款式的技术标准，及时制定工艺标准文件。操作方法要切实可行，并要在保证质量的基础上符合多快好省的原则，确保在实际生产中不留疑问。

（2）编制的工艺单要具体，关键部位要清楚说明，工艺要求的数据全部标明，做到认真仔细、不遗漏。

（3）全面做好封样确认工作。

（4）负责工艺文件、客户来样和确认样归档，未经许可不得出借。

（5）做好客户与公司间的联络工作，及时反馈客户意见，若有工艺修改，需出具书面通知。

四、核料员岗位职责

（1）检核大货订单、面（里）料品质检验报告、面（里）料缩率测试表、工艺单、样衣等情况并开始排版。

（2）清楚每一个款式的工艺、产品质量要求和面料特点。

（3）在既不影响产品缝纫又能充分利用原料的前提下，测量出公正合理的面（里）料实际耗料定额。编制耗料表，一式两份，一份交采购部，一份交财务。

（4）测算耗料时，应考虑到面（里）料的门幅宽窄、色差情况（比例、不平）、回缩率等因素，使生产单位对面（里）料耗用无异议。

（5）对定额的用料、排料方法须经主管领导审核后才可使用。

（6）虚心听取各方面意见，不断提高业务水平。

（7）负责公司采购部新产品投料的耗料核算。编制计划耗料表，一式两份，一份交采购部，一份交财务。

（8）解决日常工作中本厂或外发厂遇到的超额耗料问题。

（9）配合采购部解决有规律的料疵规避和超用料情况，以便采购部和供应商协商处理。

（10）配合裁床日常工作需求，及时提供唛架。

（11）对于比较复杂的配比所引起的较多唛架和套戴方法，必要时出具整体唛架的使用方法，以避免因裁剪差错而造成损耗。

五、裁剪工岗位职责

（1）开刀前，如有排版不明确、不符合的地方，问清后再操作。

（2）注意搭配，判断花形、丝缕、倒顺是否正确。

（3）开刀垂直，上下一致，打眼正确，上下不得倾斜，刀眼大小要符合规定，位置准确。

（4）有用的边角料应捆好进仓，裁片堆放整齐，保持清洁。

（5）电剪等操作工具要精心保养，注意安全使用。

六、粘合工岗位职责

（1）应根据布料种类、粘衬特性选择并控制温度、速度、压力等，粘合前应做好测试工作，经品控部确认后方可批量生产。

（2）在操作过程中若发现设备运转不正常、安全装置不符合规定，在未经修复前不得自行使用。

（3）粘烫时注意面料、粘合衬的正反面。

（4）粘好的衣片要顺序堆放，不得串包、串规格乱放。

（5）负责粘合机的日常保养，保持干净。

七、大烫工岗位职责

（1）服从大烫组长的安排，保质保量完成生产任务。

（2）整烫前了解产品的性能及温度、压力要求，有疑问需问清后再烫。

（3）按封样要求整烫产品，做到整烫平挺，无极光、水渍等。

（4）保持工作台干净，设备完好。

（5）整烫产品放置准确，符合标识要求。

（6）做好产品防护。

（7）及时回烫和返修。

（8）文明生产，遵守厂纪厂规，努力提高自身技术水平。

（9）打包人员应明确包装产品的每箱包装数量及其搭配情况，杜绝数量或搭配错误。

（10）箱内服装要求堆放整齐，上下层用护箱纸板、封箱带、打包带捆扎整齐、牢固。

（11）运输、堆放成品箱时要轻拿轻放，杜绝污损，做好产品的防潮保护工作。

八、包装工岗位职责

（1）服从班长安排及工作调遣。

（2）衣服在装入胶袋时，应注意产品表面部位的外观质量情况，不符合但能纠正的箱内服装要求堆放整齐、端正，上下层用护箱纸板、封箱带、打包带捆扎整齐、牢固。

（3）严格按产品质量要求打包，确保无错装、漏装，无包装松开现象。包装数量要准确。严禁将不合格品同正品混包。

（4）在打包前必须做好断针检验工作，根据不同尺码、花型分类放置待装。

（5）个人打好包的产品按同一品种、统一高度整齐叠放在中转区，以便计数。

（6）打包用的胶袋、草绳、封口胶放在规定的夹具内，不得到处乱扔。

（7）运输、堆放成品箱时要轻拿轻放，杜绝污损，做好产品的防潮保护工作。发现有较大质量问题必须停止装袋，并向包装组长汇报。

（8）做好打包产品的自检和互检工作，确保已打包产品符合品质要求。

（9）打包完毕自觉清理干净地板及所有杂物。

第二单元 服 装 制 板

样板是经过绘制纸样，制作样衣，试制并调整样衣，修正纸样，最后确认合格的型板，在服装工业中称之为样板或母板。服装样板是排料、画样、裁剪及产品缝制过程中所用的标准样板。它是根据服装款式、尺寸规格、内外结构和缝制工艺的要求，运用一定的裁剪方法在软纸或硬纸上绘制裁片片面图，通常把样板的制作称为打样板或制板。服装工业生产中的样板以结构为基础，是批量生产服装时裁剪衣片和缝制加工的技术依据，也是检验产品规格质量的标准，起着图样和型板的作用。服装裁剪样板均为毛样板，而工艺样板既有毛样板，又有净样板。

模块一 制板基础知识

一、服装结构构成方法

服装结构构成方法主要分为两大类：平面法和立体法。

1. 平面法

平面构成技术俗称平面裁剪，就是在平面的纸张或布料上作裁剪图，并进行放缝、对位，标注各类技术符号，最后剪切、整理成规范的纸样。平面构成法可分为直接构成法和间接构成法两类。平面构成方法是我国服装业最常用的结构设计方法。

服装平面构成，首先考虑人体特征、款式造型、控制部位的尺寸，并结合人体穿衣的动、静及舒适性要求，运用细部规格的分配比例计算方法或基础样板的变化等技术手法，通过平面制图的形式绘制出所需的结构图。一般采用的平面法有基型法、原型法、比例法、短寸法等。

（1）基型法。以所欲设计的服装品种中最接近该款式的服装纸样作为基型，对基型做局部造型调整，并制作出所需服装款式的纸样。此法由于步骤少、制板速度快，常为企业制板所采用。

（2）原型法。以结构最简单但能充分表达人体最重要部位尺寸的原型为基础，加放衣长，增减胸围、胸宽等细部尺寸，并通过剪切、折叠、拉展等技术构造，如实体现服装造型的服装结构图。

（3）比例法。根据人体的基本部位（身高、净胸围、净腰围）与细部之间的回归关系，求得各细部尺寸，并用基本部位的比例形式表达。由于上述细部制图公式主要是用胸围、臀围的回归方程表达，故称胸度法、臀度法。根据回归方程常数的比例形式，常分为十分法、四分法、三分法。

（4）短寸法。以特定的参照服装为基础，测量该服装的细部尺寸，以此作为服装结构制图的细部尺寸或参考尺寸，行业中称其为驳样。

2. 立体法

立体构成亦称立体裁剪（drape），是将布料覆合在人体或人体模架上，利用材料的悬垂性能，将布料通过折叠、收省、聚集、提拉等手法，制成二维的立体布样。由于整体操作是在人体或人体模架上进行，三维设计效果——二维布样——三维成衣的转换很具体，布样的直观效果好，便于设计思想的充分表达和及时修正。立体构成还有能解决平面构成难以解决的不对称、多皱褶的复杂造型等优点。但其缺点也是很明显的，其操作条件（标准人体模架、与本料性能相近的坯布、直接用本料时耗用大）要求高，同时因动作的随机性大，对操作者的技术素质和艺术修养也有较高要求。

依据造型特征，可将立体构成方法分为几何形立体构成与波浪形立体构成两类。几何形立体构成是一种以轮廓线为几何形的立体构成方法，多用于实用型服装的设计。波浪形立体构成方法适用于婚礼服、晚礼服等造型复杂的服装的设计。

二、服装结构制图符号（见表2—1）

表2—1　　服装结构制图符号

序号	名称	表示符号	说明
1	经向符号	←——→	表示衣片在衣料上的经纱方向，也称丝绺
2	顺向符号	——→	箭头的方向表示毛绒的顺向或图案的正立方向
3	相等号	◎ △ ●	表示相同的尺寸
4	距离线	|←——→|	表示部位的长度距离并标注尺寸
5	省道线	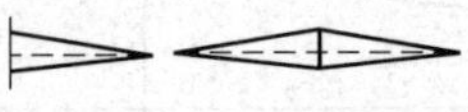	表示某部位需要收省的位置
6	褶裥符号		表示衣片上需要打褶的部分，斜线表示褶的方向
7	碎褶线	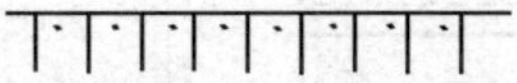	表示抽碎褶的部位及放出的抽碎褶标记

续表

序号	名称	表示符号	说明
8	罗纹线	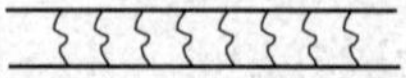	表示局部使用罗纹部位标记
9	省略号	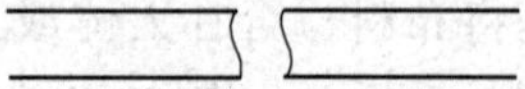	表示缩短长度
10	直角符号		表示两线应保持90°直角的符号
11	交叉符号		表示衣片制图时交叉重叠的部分
12	纸样合并符号	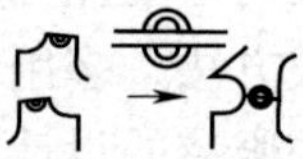	表示裁剪时要将纸样拼到一起
13	纽扣位	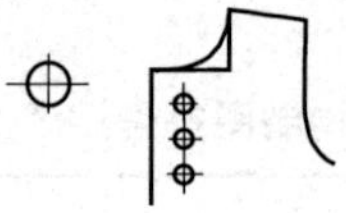	表示钉纽扣的位置
14	纽眼位	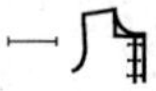	表示锁扣眼的位置
15	塔克线	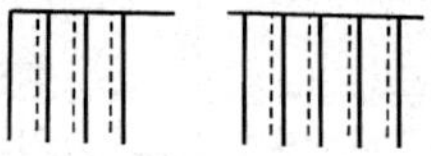	表示放片需缉塔克的缉线标志
16	剪切符号		表示线段由此剪开
17	归缩符号	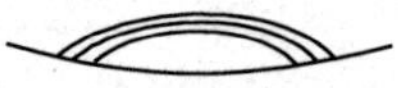	表示在缝制工艺中归缩烫的部位
18	拉伸符号		表示在缝制工艺中拔烫的部位
19	阴缉线		表示需要缉线的部位

续表

序号	名称	表示符号	说明
20	刀眼符号		表示裁片某一位置与另一裁片的位置，并表示对位缝制
21	钻孔符号		表示上下层裁片需要对位的部位
22	缩缝符号		表示在缝制工艺中抽缩“吃进”部位

三、服装制图各部位线条名称

服装制图各部位线条的名称即部位线条的术语名称，如女裙、西裤、衬衫、袖片、衣领等。各部位线条名称具体如图 2—1 所示。

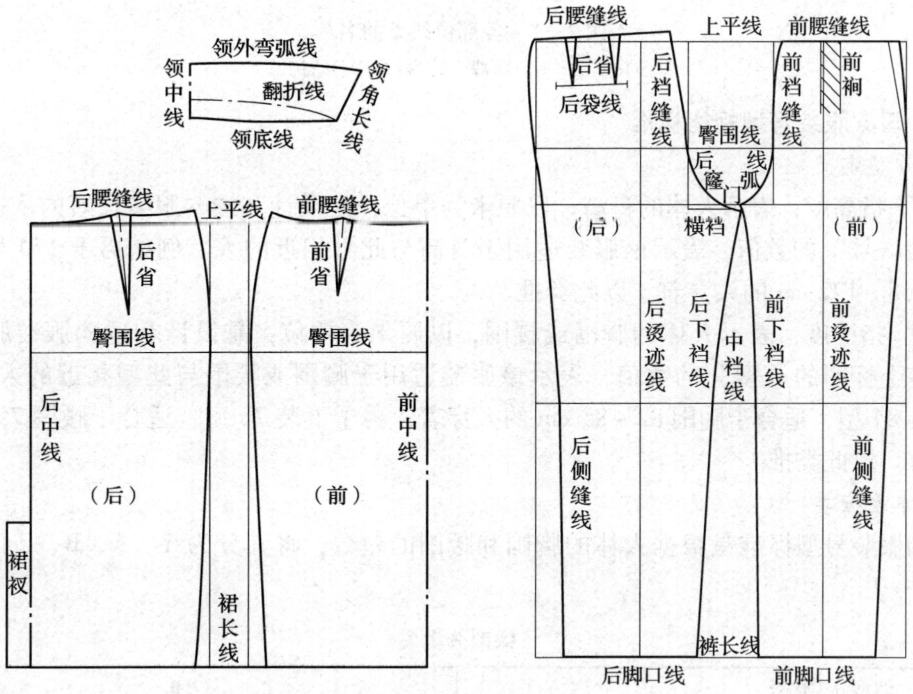

a）　　　　b）

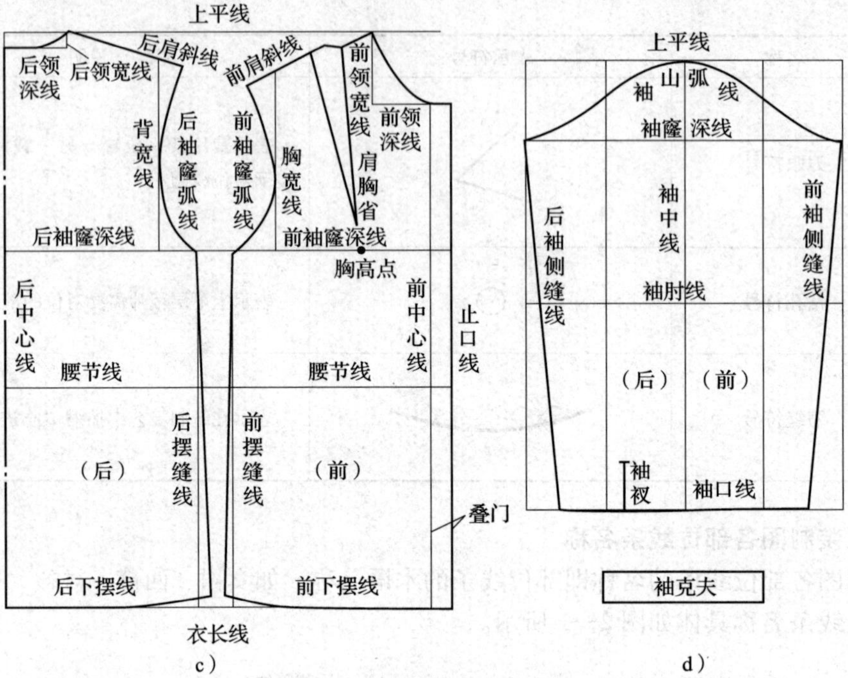

图2—1　各部位线条的名称

a）女裙　b）西裤　c）衬衫　d）袖片

四、国家服装号型规格标准

1. 号型定义

“号”指高度，表示人体的身高，以厘米为单位，是设计和选购服装长短的依据。服装上标明的“号”的数值，表示该服装适用于身高与此号相近的人。例如男子170号，适合于身高168～172 cm的人穿着。以此类推。

“型”指围度，表示人体的胸围或腰围，以厘米为单位，是设计和选购服装肥瘦的依据。服装上标明的“型”的数值，表示该服装适用于胸围或腰围与此型相近的人。例如，女子上装84型，适合于胸围82～85 cm的人穿着；男子下装76型，适合于腰围75～77 cm的人穿着。以此类推。

2. 体型分类

新的服装号型标准是根据人体的胸围和腰围的差数，将其分为Y、A、B、C四类，具体见表2—2。

表2—2　体型分类表　cm

体型分类代号		Y	A	B	C
胸腰围差量	男子	22～17	16～12	11～7	6～2
	女子	24～19	18～14	13～9	8～4

3. 号型应用

（1）号型的范围。成人男装号为155～185，女装号为145～175；少年儿童号为80～160。成人男子型为76～112（上装）或56～108（下装），成人女子型为72～108（上装）或50～102（下装）。

（2）号型标志及其含义。号与型之间用斜线分开，后接体型分类代号。例如男子上装170/88A，号170适用于身高在168～172 cm的人群，型88适用于胸围在86～89 cm的人群，体型分类代号A指胸腰围差量在16～12 cm的人群。以此类推。

（3）号型系列。号型系列以各自体型的中间体为中心，向两边依次递增或递减组成。身高以5 cm分档，胸围或腰围分别以4 cm、3 cm、2 cm分档，组成5·4（5·2）和5·3两种号型系列，与四种体型分类组合为八大类号型系列。

（4）中间体。中间体是指各种体型的中间值。在设计服装规格时，必须以中间体为中心，按一定的分档数值，向上下、左右推档组成成品规格系列。国标中，男子选择170/88 A和170/74 A、女子选择160/84 A和160/68 A体型的人为中间体。男子与女子各体型的中间体，见表2—3。

表2—3　　男女各体型的中间体　　cm

体型	Y	A	B	C
男子	170	170	170	170
	88	88	92	96
	70	74	84	92
女子	160	160	160	160
	84	84	88	88
	64	68	78	82

常用中间体尺寸：女160/84 A/66/90（160/82或84 A/64或66或68/88或90）；男170/88 A/74/90（170/88或90 A/72或74或76/90或92）。

消费者选择和应用号型应注意：

在选择服装前，先要测量好自己的身高、净胸围、腰围。每个人的个体实际尺寸，有时与服装号型档次并不吻合。如身高167 cm、胸围90 cm的人，号在165～170号之间，型在88～92型之间，因此需要向上或向下靠档。一般来说，向接近自己身高、胸围或腰围尺寸的号型靠档。

（1）按身高数值选用号。例如，身高163～167 cm，选用号165；身高168～172 cm，选用号170。

（2）按净体胸围数值选用上衣型。例如，净体胸围 82 ~85 cm，选用型 84；净体胸围 86 ~89 cm，选用型 88。

（3）按净体腰围数值选用裤子型。例如，净体腰围 65 ~66 cm，选用型 66；净体腰围 67 ~68 cm，选用型 68。

服装工业企业在选择和应用号型时应注意：

必须从标准规定的各个系列中选用适合本地区的号型系列。无论选用哪个系列，必须考虑每个号型适应本地区的人口比例和市场需求情况，相应地安排生产数量，以满足大部分人的穿着需要。

服装号型系列中规定的号型不够用时（虽然这部分人占的比例较小），可扩大号型设置范围，以满足需求。扩大号型范围时，应按各系列所规定的分档数和系列数进行。

标准中规定的号型不够用时，也可适当扩大号型设置范围。扩大号型范围时，应按各系列所规定的分档数和系列数进行。

五、正确领会设计意图

1. 弄清基本款式

首先要弄清服装的造型特征和款式类别，如驳领、关门领，装袖、套袖，直腰、曲腰，贴袋、开袋，下摆大小等。还要弄清服装的装饰和配色，以及服装款式是合体式还是宽松式。

2. 弄清线条的形状及表达的意图

线条在服装上的应用极其广泛。线条的形状有直线形、曲线形。以后背衣缝分割为例，有直形、弧形、斜形等。设计图中的实线表示外形轮廓线条或各种省、缝、褶裥、装饰等，虚线表示缉线等。

3. 弄清服装的组合关系

所谓组合关系，就是一件服装是由多少衣片和附件组合而成的（包括面料、夹里、衬布等），它们之间又是如何进行配合的，即采用的缝法（如平缝、倒缝、包缝等）。

4. 弄清尺寸比例

尺寸比例就是服装各部位的具体尺寸比例关系。有实物样品的可直接测量，但对设计图中各部位线条的长短、宽窄、大小、位置，大部分是以人体部位或其他部位的比例为标准来计算的。例如，衣服的长度、袖子的长度、省缝的长度，肩的宽窄、领的宽窄、袋盖的宽窄，下摆的大小、袖口的大小、袋口的大小，省缝的进出、褶裥的位置，袋位的进出、高度，弧线的弧度、角的角度、圆头的大小，等等。

5. 领会设计意图

有些设计内容既有审美作用，又有实用功能。有些衣缝分割，既增强了服装的美观效果，又使一些省缝融进分割缝中，运用分割缝代替原来的胸省和腰省。又如裙子的褶裥和旗袍的开衩，既美观又便于行走。也有一些纯粹是作为装饰用的，如装饰纽、后背半腰带等，都要在制图时正确领会设计意图。

此外，由于设计图的不完善，如不能正确表示服装结构、比例不尽正确等，就要求制图者从服装的整体结构及服装制图的一般规律来对其加以完善、补充。

模块二　基础品种样板

一、裙装样板

1. 根据人体体型特征进行设计

（1）裙装的功能性设计

1）腰至臀围线的确定：2/3 下裆长。

2）腰围松量：0 ~ 2 cm。

3）臀围松量：3 cm 以上。

4）裙摆功能性设计：摆围 < 臀围，在膝围以上处设计开衩或褶裥，以满足基本活动量要求，应于臀围线下 10 cm 处加宽 1 cm。

5）开口设计：前、后、侧，开口止点在臀围线附近。

（2）设计裙省

1）人体臀腰差决定了省的大小和形式，人体臀腰各面及形状如图 2—2 所示。

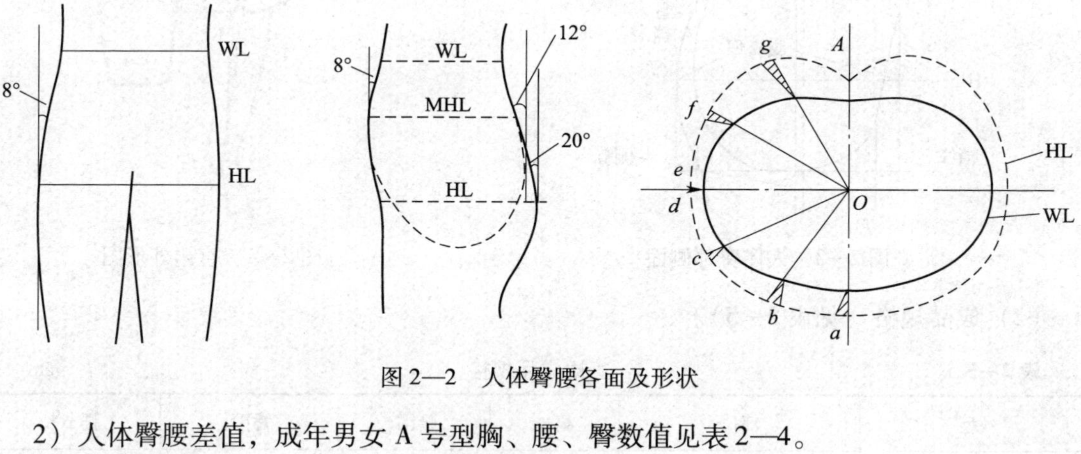

图 2—2　人体臀腰各面及形状

2）人体臀腰差值，成年男女 A 号型胸、腰、臀数值见表 2—4。

（3）裙装腰围线的处理。以前中线处腰高为基准，一般在侧缝处提高 0. 7 ~ 1. 2 cm，后中线低于水平线 0. 5 ~ 1. 5 cm。

表 2—4　　　　　　　　成年男女 A 号型胸、腰、臀数值　　　　　　　　cm

部位	男子（170/88 A）	女子（160/84 A）
胸围	88	84
腰围	74	68
臀围	90	90

（4）裙装侧缝线的处理。居于侧体正中稍偏后，如图 2—3 所示。

2. 直裙制图

（1）款式特点（见图 2—4）。直裙的基本型腰围放松量是 2 cm，臀围放松量是 4 cm，对于非弹性面料，这是最紧身的放松量，通常适合女青年。中年女性臀围放松量为 6 cm，胖体为 8 ~ 10 cm。

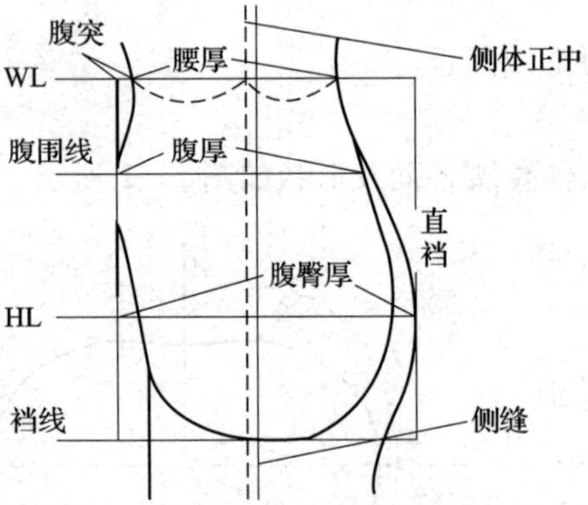

图 2—3　人体臀部侧面

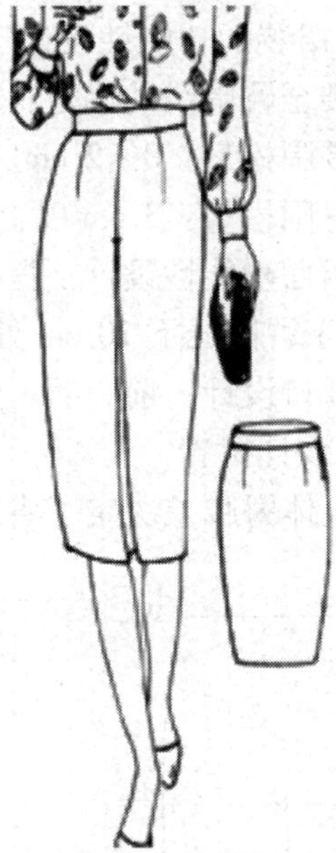

图 2—4　直裙外形图

（2）成品规格（见表 2—5）。

表 2—5　　　　　　　　直裙成品规格　　　　　　　　cm

号型	部位	裙长	腰围	臀围	腰节长
160/68 A	成衣尺寸	63	68	96	18

（3）结构制图（见图 2—5）。

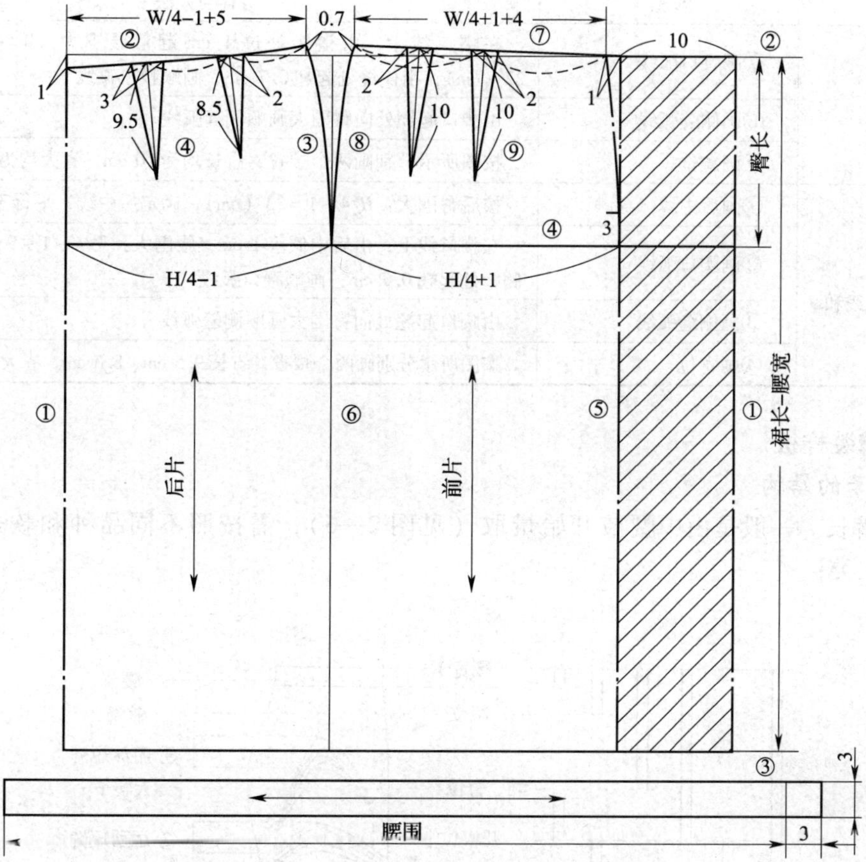

图 2—5　直裙结构图

（4）制图步骤（见表 2—6）。

表 2—6　　**直裙制图步骤**

部位	步骤	内容与方法
前片	①画裙中线	做一直线，长度为：裙长（63）－腰头宽（3）＝60（cm）
	②画腰口线	与裙中线垂直
	③画裙长线	与裙中线垂直
	④画臀长线	②～④等于 18 cm
	⑤画褶裥线	①～⑤为褶裥宽 10 cm，与①平行，在腰口线上过 1 cm，画顺褶裥线
	⑥画臀围大	⑤～⑥为：$H/4+1=25$（cm）

续表

部位	步骤	内容与方法
前片	⑦画腰口弧线	在腰口线上，由褶裥处过 1 cm 起量腰围大：$W/4+1+4=22$（cm），由侧缝处起翘 0.7 cm，画顺腰口弧线
	⑧画侧缝弧线	由腰口起翘处向臀围大画顺侧缝弧线
	⑨画省位	按图所示分别画两个腰省，省长均为 10 cm，省大均为 2 cm
后片（延长前片上下腰口线、臀长线和裙长线）	①画后中线	按后臀围大：$H/4-1=23$（cm），确定后中线，平行于前侧缝线
	②画腰口弧线	在腰口线上，由后中低落 1 cm，腰围大：$W/4-1+5=21$（cm），侧缝处起翘 0.7 cm，画顺腰口弧线
	③画侧缝弧线	由腰口起翘处向臀围大画顺侧缝弧线
	④画省位	按图所示分别画两个腰省，省长 9.5 cm、8.5 cm，省大 3 cm、2 cm

二、裤装样板

1. 裤子的结构

（1）裤长。一般是由中腰节开始量取（见图 2—6），需按照不同品种和款式来确定。可分为四大类：

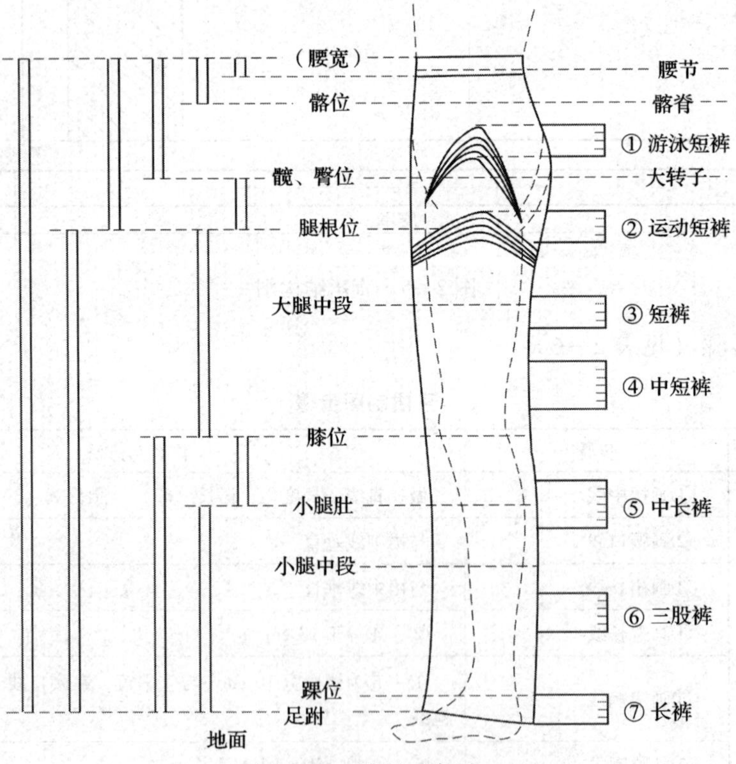

图 2—6　裤长示意图

1）加长裤。长度在足跗至地面。

2）长裤。长度在踝位至足跗，或距地面 2 ~ 3 cm 处。

3）中长裤。长度在膝位至踝位，按长短又可分为十分、九分、八分、七分、六分裤。

4）短裤。长度在臀位至膝位，按长短又可分为游泳短裤、运动短裤、短裤、中短裤。

（2）上裆长。上裆是指裤片中横裆线以上的长度。上裆长的确定可分为三种方式：

1）定寸法。过去，服装技术是靠师傅带徒弟传授，人们只能根据人体与西裤的一般关系来处理立裆深。男性以 103 cm 裤长为中心，用 31 cm 为基础；女性以 100 cm 裤长为中心，用 30 cm 为基础。裤长每上下增减 3 cm，立裆深相应增减 0.5 cm。

2）测量法。通过测量人体坐高部位的尺寸来确定裤子的上裆尺寸。这种方法要求测量者具有较高的测量技巧，否则得到的尺寸误差较大。

3）公式法。随着服装研究的深入，上裆深的尺寸出现一些计算公式，常见的齐腰裤上裆公式有两个：0.1 裤长 +0.1 臀围 +8 ~ 9（包括腰头宽）或 $H/4$（不包括腰头宽）。如果为低腰裤或高腰裤，公式中的常数要做相应调整。

（3）下裆长

1）横裆至中裆，属于裤腿的大腿部分。按照人体大腿上粗下细的形状，结构制图中这部分自然也是向下内收的造型。

2）中裆至裤口，属于裤腿的小腿部分。

①中裆线上下位置的定位（见图 2—7）

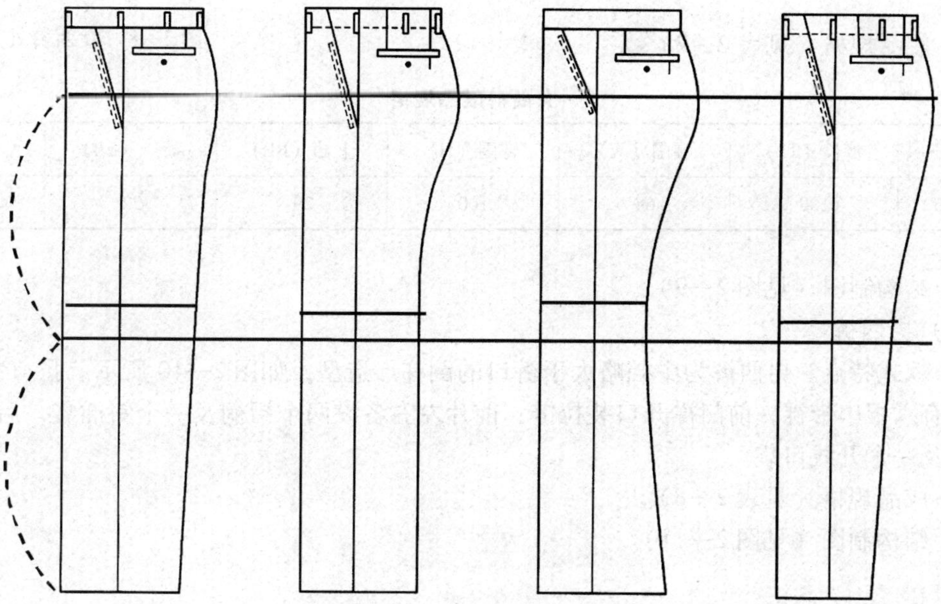

图 2—7　中裆位置示意图

西裤：（臀围线～裤口线）/2上4 cm。

直筒裤：（臀围线～裤口线）/2上5 cm。

喇叭裤：（臀围线～裤口线）/2上6 cm。

锥形裤：（臀围线～裤口线）/2上3 cm。

②中裆到裤口的连接形式

西裤：中裆与裤口做倒梯形连接。

直筒裤：中裆与裤口做垂直连接。

喇叭裤：中裆与裤口做梯形连接。

锥形裤：中裆与裤口做倒梯形连接。

（4）横裆围。在裤子上裆和下裆的连接处。横裆的总宽度反映了躯干下部的厚度，是前腹至后臀的跨距。在制图中，分为前裤片的小裆和后裤片的大裆。裆部的总宽度占臀围的0.16～0.17。在分配比例上，小裆宽占0.04 H，大裆宽占0.12 H，即大裆宽约为小裆宽的3倍。

2. 制图

（1）女西裤

1）款式特点。女西裤为中裆略大于裤口的倒梯形造型，如图2—8所示。腰口装腰头，腰头上有六根串带袢，前门襟开口装拉链；前片左右各设一个褶、一个省及一个直插袋，后片各设两个省。

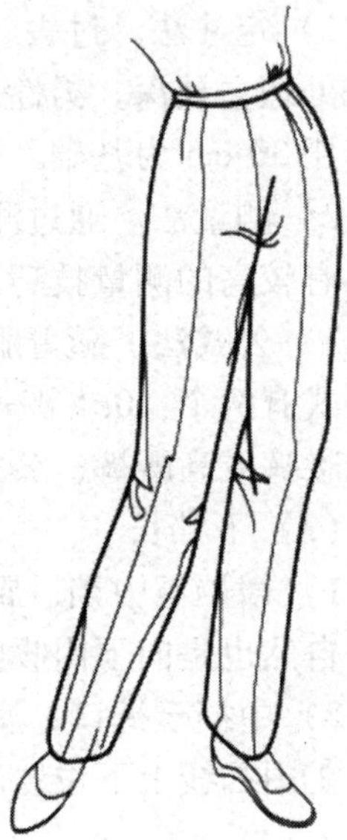

图2—8　女西裤外形图

2）成品规格（见表2—7）。

表2—7　女西裤成品规格　cm

号型	裤长（TL）	腰围（W）	臀围（H）	上裆（BR）	裤口（SB）	腰头
160/66	100	68	100	29	22	4

3）结构制图（见图2—9）。

（2）男西裤

1）款式特点。男西裤为中裆略大于裤口的倒梯形造型，如图2—10所示。腰口装腰头，腰头上有六根串带袢，前门襟开口装拉链；前片左右各设两个褶裥及一个斜插袋，后片各设两个省及一个开线口袋。

2）成品规格（见表2—8）。

3）结构制图（见图2—11）。

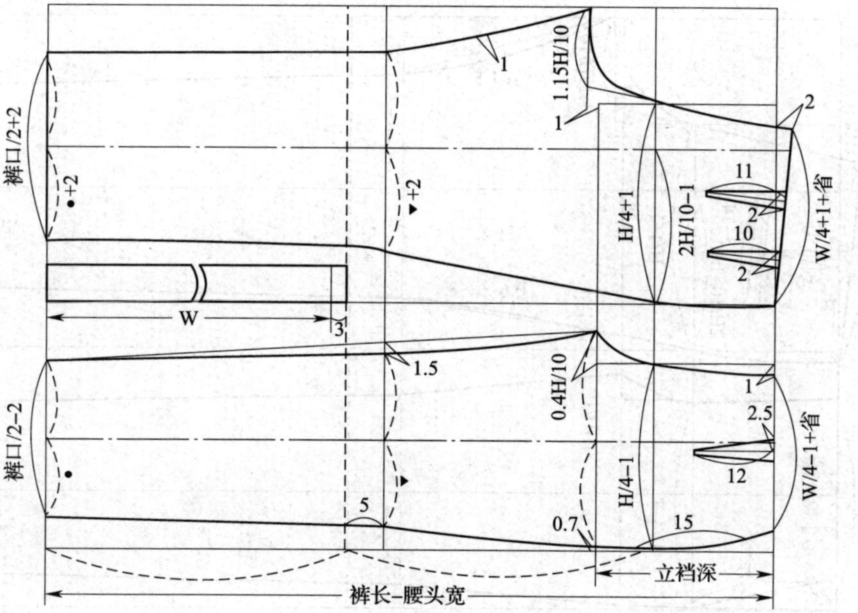

图 2—9　女西裤结构图

表 2—8　　**男西裤成品规格**　　cm

号型	裤长（TL）	腰围（W）	臀围（H）	上裆（BR）	裤口（SB）	腰头
170/74	104	76	104	30	23	4

三、衣身样板

1．相关概念

（1）四开身。将人体胸围四等分的上衣结构称为“四开身”。前、后片的胸围各占胸围的 1/4 左右，即把袖窿从中间破开，把后背中线也看作破开。如果把后背中线看作没有破开，后片胸围大约占胸围的 1/2。“四开身”多用于衬衫、内衣、两用衫，现女西装也大都采用“四开身”。

（2）三开身。将人体胸围三等分的上衣结构称为“三开身”。前、后片的胸围各占胸围的 1/3 左右，即把袖窿从背宽线附近破开，把后背中线看作没有破开。如果把后背中线看作破开，后片胸围大约占胸围的 1/6。“三开身”多用于男西服和中山装等。

（3）三开身基型胸围的分配。“三开身”基型设计重点在胸围的分配上，先确定后胸围，再确定前胸围。具体如下：

$$后胸围 = 背宽 - 后背省 = \left(\frac{1.5}{10}B + 4\right) - 1 = \frac{1.5}{10}B + 3$$

$$前胸围 = \frac{1}{2}B - 后胸围 + 腋下省 = \frac{1}{2}B - \left(\frac{1.5}{10}B + 3\right) + 1 = \frac{3.5}{10}B - 2$$

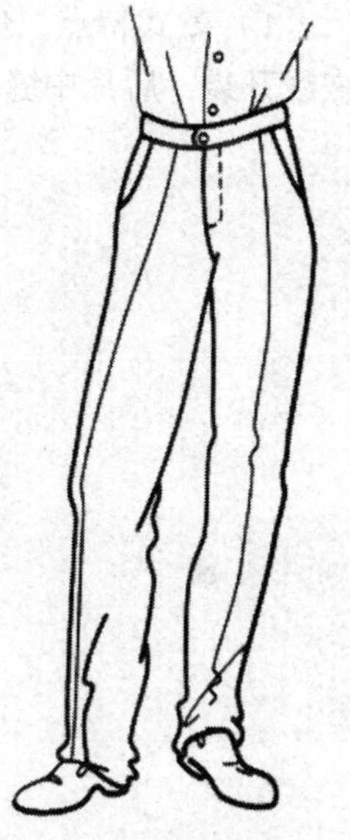

图 2—10　男西裤外形图

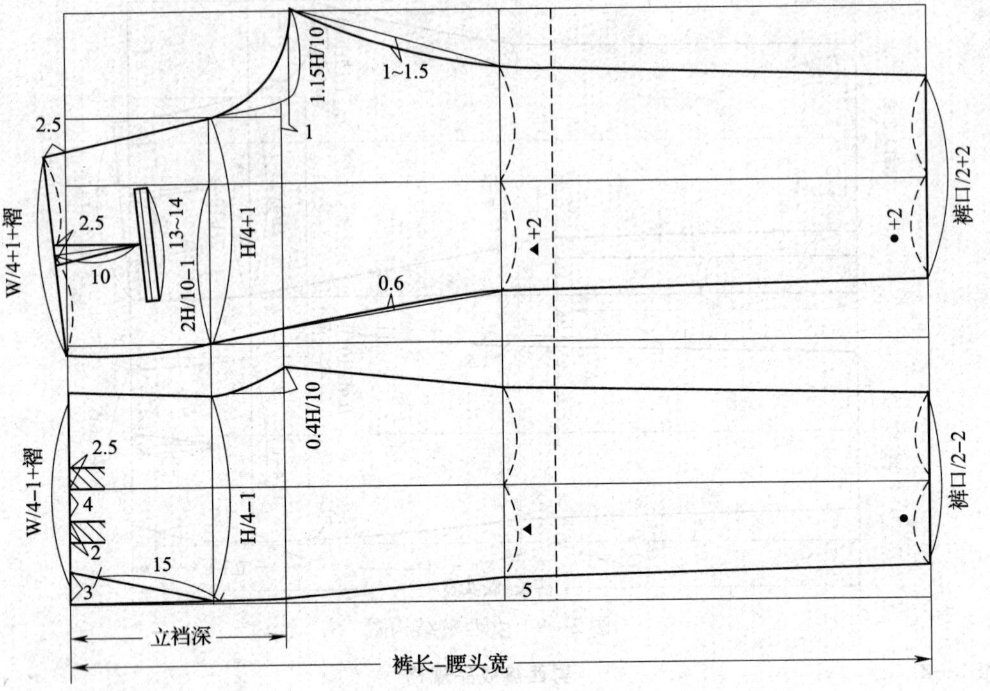

图 2—11 男西裤结构图

2. 制图

(1) 四开身无省基型制图及应用（女春秋衫）

1）款式特点。包括：关门领，门襟四粒扣；侧缝略收，底摆略放；前片左右各设一个双嵌线开袋，后片中缝不分割；袖子为圆装袖，造型略宽松，适合中年女性穿着（见图 2—12）。

图 2—12 女春秋衫外形图

2）成品规格（见表2—9）。

表2—9 **女春秋衫成品规格** cm

号型	衣长（L）	胸围（B）	肩宽（S）	领围（N）	前腰节长（WL）
160/84	68	100	41	40	40

3）前后片制图（见图2—13）。

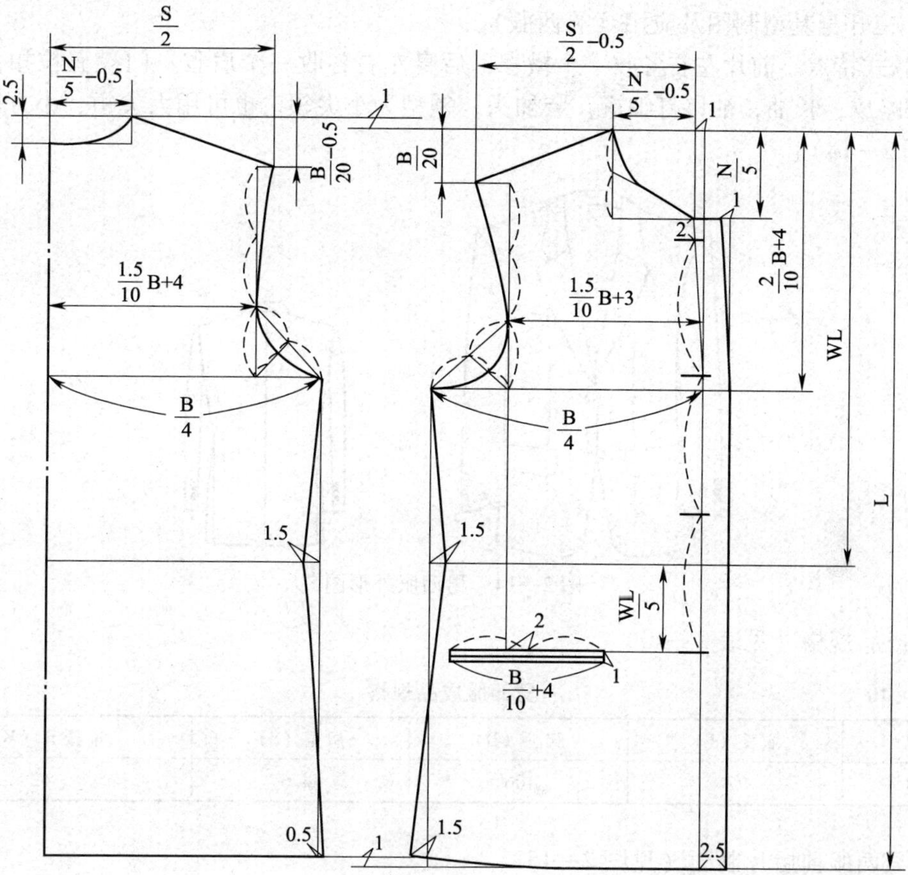

图2—13 女春秋衫结构图

女春秋衫前后片制图分析：

①采用后片上平线比前片上平线高1 cm对位。

②前胸部位加入了1 cm的撇胸，这主要是因为此款无任何省，加入撇胸可使服装在前胸部位符合人体特征。

③前、后片侧缝收腰1. 5 cm，底摆后片放0. 5 cm，前片放1. 5 cm，前片底摆起翘1 cm。

底摆起翘量的大小与侧摆放量有关，要保证侧摆和底摆成直角。

④双嵌线开袋定位：袋的中点约在胸宽线前 1 ~ 2 cm；双嵌线开袋的上下位置可设计在 WL 线下 7 ~ 10 cm，也可以用公式（*WL*/5）计算；袋大用公式（*B*/10 + 4）计算，也可用定寸 14 ~ 15 cm。

⑤最上面一粒扣定位是由前颈点向下 2 cm，最后一粒扣定位是由 WL 线向下（*WL*/5）cm，把中间距离三等分确定另外两粒扣的位置。横扣眼的眼位是从搭门线向外 0.3 cm，然后再向里量扣眼大 2 cm。

（2）三开身基型制图及应用（男西服）

1）款式特点。前片左右各收一个横省，后身左右各收一个肩省；门襟五粒扣，腰部略收，底摆略放；长袖，袖口打细裥，装袖头；领型为小尖领，也可用大尖领、小方领及小圆领（见图 2—14）。

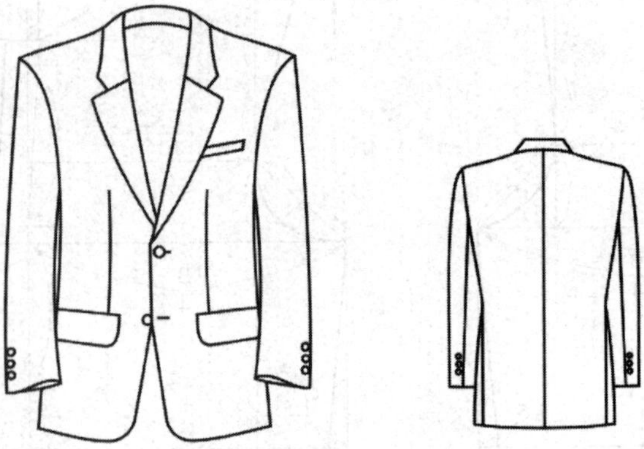

图 2—14　男西服外形图

2）成品规格（见表 2—10）。

表 2—10　　**男西服成品规格**　　cm

号型	衣长（L）	胸围（B）	肩宽（S）	前腰节（WL）
170/88 A	72	106	44.6	42

3）男西服前后片制图（见图 2—15）。

男西服前后片制图分析：

①采用后片上平线高于前片 2.5 cm、后片下平线高于前片 2 cm 对位。

②后侧缝的设定是以背宽线为依据的，后背缝收臀量等于收腰量，均为 2 cm。

③一般要设胸省，但不宜超过 1 cm，腹围较大的可不设胸省。设撇胸 1 cm。

④前腰节是倾斜的，和下口袋平行。先定出下口袋位置，再画出前腰节线。

⑤将后肩宽公式由（S/2）调整为（S/2 + 0.3），使后肩斜线有 0.6 cm 的吃量。另外，将后肩线凹进 0.3 cm、前肩线凸出 0.3 cm，目的是使肩部设计更符合人体特征。

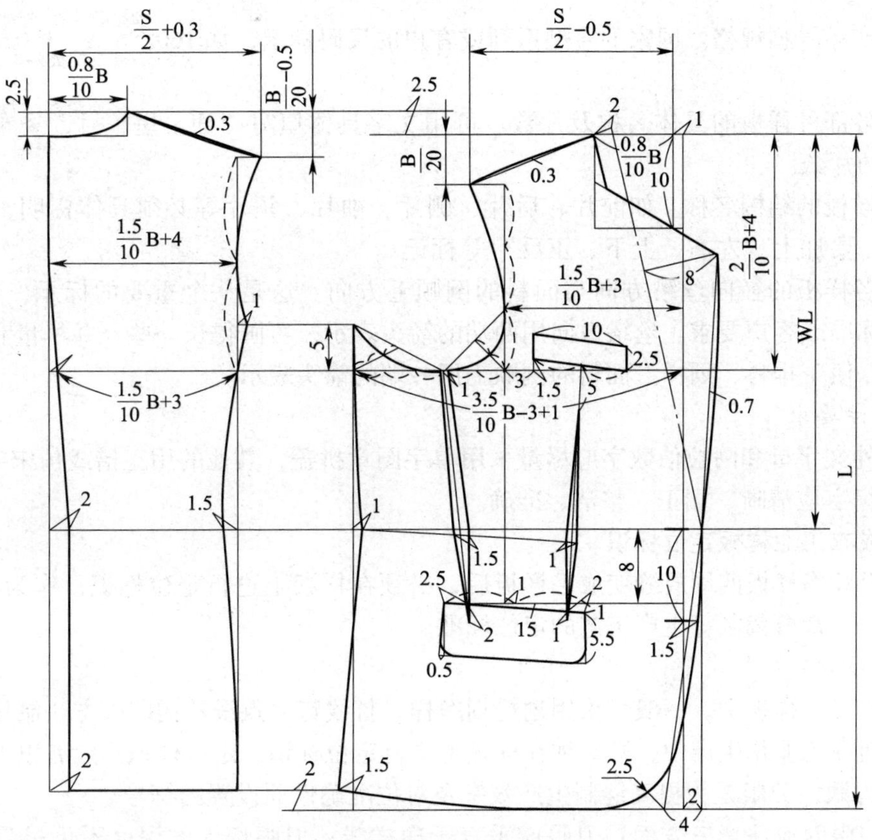

图 2—15　男西服结构图

模块三　样板的标注

为规范服装样板设计制作，使样板制作者和使用者之间达到某种程度的默契，在样板设计中需根据要求用记号标识，并对样板进行定位。样板由静样板变成毛样板后，通过在样板上进行标记，可以保证毛样板在推板、排料、划样、裁剪、缝制等生产过程中不走样、不变形，以便在生产的各个环节中起到标记与定位作用。此外，服装生产用工业样板数量较多，如果不进行文字标注就会出现样板混淆的现象，导致企业生产受阻，严重影响企业的正常运作，为此，工业样板做好后还必须进行必要的文字标注，以便使用与归档保存。

一、文字标注

1. 文字标注的内容

（1）产品名称及编号。企业自定的款号或客户的代号，可以用中文、英文或阿拉伯数字标示。

（2）产品号型规格。国家的号型系列或客户的尺码标示，如160/88 A、160/84 A或S、M、L等。

（3）各部件样板的具体名称及片数。可用文字具体填写“面、里、衬、袋布”等，并标明裁剪的片数。

（4）样板的结构名称。如前片、后片、侧片、袖片、领片等必须具体标明，对于不对称的样板，要加上“左右、上下、正反”等标记。

（5）各样板的径向丝绺方向与面料的倒顺毛方向。这是一个重要的标示，要求准确、符合国家标准或客户要求。丝绺方向用两端的箭头表示，可画得长一些，并尽量利用样板中的线条，以便于排料、划样。面料的倒顺毛用一端的箭头表示。

2. 标注要求

（1）外文字母和阿拉伯数字应尽量采用单字图章拼盖，其他的用正楷或仿宋字体书写。

（2）标字应清晰、端正、整洁、准确。

二、成衣工业样板定位标识

结构设计净样板四周放缝变成毛样板后，必须在样板上进行定位标识，作为样板推放、排料、划样、裁剪裁制等生产工艺的定位标准。

1. 定位方法

在结构设计样板中，一般可采用划粉划净样、打线钉、点线器擂印等方法制作样品或单件产品；而在工业化生产中，则必须在样板上进行定位标识。定位标识一般有以下三种：

（1）刀眼。刀眼是为提高缝制生产效率及对位准确性而设置的符号。

在打刀眼时应注意三方面：刀眼应垂直于净样线；刀眼切入的深度不可过量，一般为0.3～0.5 cm；为区别前、后裁片，可用单个刀眼表示前片、双刀眼表示后片。

（2）钻眼。在衣片内部做对位记号，可用钻眼。钻眼应细小，位置比实际所要达到的距离短2 cm左右。

（3）净样板。对于高档精做的服装，如西装、男衬衫等，局部部位需要精确定位，这时可单独剪成净样板，以便在排料、裁剪裁制时准确地画出位置及形状。

2. 定位位置

（1）缝份。在工业样板边缘，各净样线部位必须标出缝份大小。

（2）省道、褶裥。工业样板的省道、褶裥部位需做标识，以标出省道、褶裥的大小、位置。省道、褶裥标识应注意：在省道的起始位置必须打刀眼，在省道的重点位置必须打钻眼。若是橄榄省，省道大小则在实际宽度向内进0.5 cm处钻眼；若省道较小（1 cm左右），则在省道中心钻眼；若省道为弧线，则可根据省道长短设置1～2个对位刀眼。省道的倒向方向用箭头标识，褶裥的倒向方向用斜线或箭头标识。

（3）袋位。在口袋的各边上向内进0.5 cm处钻眼。弧线位置在弧线转成直角的位置向内各进0.5 cm处钻眼。

（4）对位。为保证裁片在缝合时准确对位，在工业样板中需进行对位标识。

（5）开衩。对服装的开口、开衩等，需用刀眼和钻眼进行标识。

三、样板标注的常用线条与符号

为了使样板制图简单方便、提高样板制作的效率，在样板制作中可以使用符号，一个符号代表一种技术语言或技术要求。

1. 常用线条（见表2—11）

表2—11　　图线画法及用途

序号	图线名称	图线形式	图线宽度（mm）	图线用途
1	粗实线		0.9	服装和零部件轮廓线、部位轮廓线
2	细实线		0.3	图样结构的基本线、尺寸线和尺寸界线、引出线
3	粗虚线		0.9	背面轮廓影示线
4	细虚线		0.3	缝纫明线
5	点划线		0.9	对折线
6	双点划线		0.3	折转线

2. 服装制图部位代号（见表2—12）

表2—12　　服装制图部位代号

部位	代号	英文
胸围	B	Bust
腰围	W	Waist
臀围	H	Hip
领围	N	Neck
中臀围线	MHL	Meddle Hip Line
胸围线	BL	Bust Line
腰围线	WL	Waist Line
臀围线	HL	Hip Line
膝盖线	KL	Knee Line
颈肩点	SNP	Side Neck Point
颈前点	FNP	Front Neck Point
颈后点	BNP	Back Neck Point

续表

部位	代号	英文
肩端点	SP	Shoulder Point
袖长	SL	Sleeve Length
长度	L	Length
背长	BL	Back Length
胸高点	BP	Bust Point
袖口	CF	Cuff
袖窿弧长	AH	Arm Hole
肘线	EL	Elbow Line

模块四　成衣工业样板的缝份设计

缝份又称做缝或缝头，是指为完成各裁片相互缝合，在净样板的基础上需要加出的量。影响缝份的因素有很多，如款式、面料、裁片所在部位等，对此必须全面考虑、准确把握。

一、影响缝份的基本因素

1. 缝型的选择

所谓缝型，是指一定数量的布片和线迹在缝制过程中的配置形态，其对服装的品质（外观与牢度）具有决定性的影响。不同的缝型，其缝份量也不同。

2. 面料、辅料的特性

因面料、辅料的厚薄、弹性、易散性等性能不同，其样板放出的缝份也不同。一般厚度大、易脱纱的衣料，其缝份可适当增大。

3. 服装的档次

高档的服装，其缝份要宽一点；而低档、低价的服装，其缝份要小一点。另外，对于高档面料的服装，还会多放缝份余量以备放大加宽之用。此外，背缝、侧缝、袖缝、裤子的侧缝、下裆缝等，除一般缝份外，还要多留 1.5 cm 的放头缝份。

4. 缝纫设备情况

有的缝纫专用设备、专用压脚有相应的缝份要求，工业制板时要根据缝纫设备的具体情况确定样板放出的缝份量。

二、缝份放法

缝份的放法会影响服装缝制加工的生产效率与面料的使用率，会较明显地影响到衣服的成本，所以需充分考虑缝份的大小、缝份端点上角的处理、对位记号等，使图纸由合理的结构设计纸样变成工业样板。

1. 基本原则

（1）各裁片放缝的顺序按衣片裁制的顺序进行。

（2）各部位的缝份放出后，完成的轮廓线与净样线平行，即同部位的缝份原则上相等。

（3）缝份端点的上角要酌情处理，原则上由交差角度较大的一方决定。具体有两种情况：若两裁片的交差角度相等，则将缝份延长；若两裁片的交差角度不相等，则以交差角度大的裁片决定交差角度小的裁片。交差角度不相等的情况较常见，如袖子大小袖片、衣片前后侧缝等。

2. 按缝制顺序放缝

缝制顺序不同，放缝也不同。一般方法如下：

（1）根据缝头的大小，样板的毛样线与净样线保持平行，即遵循平行加放原则。

（2）肩线、侧缝、前后中线等近似直线的轮廓线缝头加放 1 ~ 1.2 cm。

（3）领圈、袖窿等曲度较大的轮廓线缝头加放 0.8 ~ 1 cm。装里布时，相关缝份部位之间的缝份形状呈 90°或钝角，如图 2—16 所示。

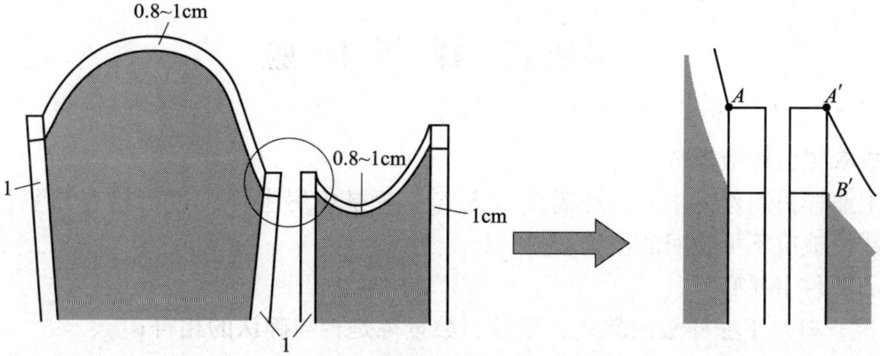

图 2—16　袖窿部位缝份示意图

（4）折边部位缝头的加放量根据款式不同，变化较大。裤口折边一般 4 cm，上装套装类 4 cm，大衣类 5 cm，翻脚裤口 10 cm，上装衬衣类 2.5 cm，袖口一般同底摆。

（5）注意各样板的拼接处应保证缝头宽窄、长度相当、角度吻合。

（6）对于不同质地的服装材料，缝头的加放量要进行相应的调整。

（7）对于配里的服装，里布的放缝方法与面布的放缝方法基本相同。在围度方向上，里布的放缝要大于面布，一般大 0.2 ~ 0.3 cm；长度方向上，在净样的基础上放缝 1 cm 即可。特殊的部位根据面料和款式要求来留缝份，如男西装后中心线就留有 2 cm 左右的坐势。

三、普通西服套装的制板放缝量

（1）放缝量为 0.5 ~ 0.7 cm 的部位。小的缝量主要在对精确度要求很高的部位，如西服前片门襟止口、领子拼脚等部位。

（2）放缝量为0.8 cm的部位。如西服前后领口、下领脚线、前后肩缝、前后袖窿、袖山等弧度较大的部位。

（3）放缝量为1 cm的部位。如西服腋下缝、侧缝、袖子胖肚缝、袖子瘪肚缝，西裤腰口、下裆缝等部位。

（4）放缝量为1.2 cm的部位。如时装的覆势、后中缝等部位。

（5）放缝量为1.5～1.8 cm的部位。如西服后中缝等，主要考虑增大缝量，保证在缝制过程中不走形。

（6）放缝量上下不一致的部位。如西裤的后中，腰口处放缝份一般为3.5 cm，而至后龙门处则为1 cm，主要考虑成衣的塑形稳定性。

（7）下装裙、裤省位。制图净省位折进放缝份，并剪去余量展开放缝，才能获得较准确的缝份量。

（8）衣服后衩侧衩、裙子开衩部位。缝份量一般为3.5～4 cm，有夹里的衩比无夹里的多0.8 cm左右的缝份量。

（9）上装和下装的贴边处。贴边量一般设计为3～4.5 cm较为合理。

模块五　样 板 检 验

一、成衣工业样板复核

成衣工业样板制作完毕后，还需由专人（一般是板房主管）进行检查与复核，避免样板出现差错，造成不可挽回的损失。

复核的项目主要有：

（1）检查核对工业样板的款式、型号、数量等是否与确认的相符；

（2）检查核对工业样板的缝头、缩率等的加放是否符合工艺要求；

（3）检查样板的边缘轮廓线条是否圆顺、光滑，领口弧线、袖窿弧线等部位是否准确；

（4）检查各组合部位的线条连接是否圆顺，如肩线缝合后前、后领口弧线的连线情况，侧缝缝合后前、后袖窿弧线的连接情况等；

（5）检查缝合部位的长度是否吻合，如前、后侧缝是否相等，后肩与前肩缝合时后肩上的归缩量，袖子袖窿与衣片袖窿缝合时袖子袖窿的吃势等；

（6）用测量工具检查工业样板各个部位的尺寸是否准确；

（7）检查工业样板的文字标识、定位标识有无遗漏。

二、成衣工业样板整理归档

工业样板全部做好后，还需进行整理归档。

具体工作有：

（1）仔细检查、复核做好的样板，以防遗漏或差错；

（2）样板应按品种、款式和号型规格，根据面、里、衬等分类整理；

（3）每块样板在适当的位置打一个直径为 1 ~ 1.5 cm 的圆孔，以便于样板串联或吊挂保存；

（4）样板要实行专人、专柜、专账、专号归档管理。

三、服装工业样板检验综合标准

1．不能少

纸样要齐全，包括面板、里布板、衬板、工艺板。

2．不能错

尺寸要精确，比例设计要合理，结构设计要科学。

3．要美观

线条的设计要流畅，线条的拼接要圆顺，造型设计要合理美观。

4．要好做

剪口工艺板的设计要便于缝制。

5．要节省

在不影响款式造型的前提下，打板时要合理地调整样板的尺寸、形状、纱向。

第三单元　服装裁剪

裁剪部是成衣生产过程中的第一个生产部门。裁剪部的工作是将面料、里料和衬料等原料裁剪成服装所需要的形状，如前片、后片、袖片、领片等。要缝制服装，首先要将各部分的裁片裁好，因此裁剪是成衣生产工艺中的第一道工序。一般来说，裁剪过程包括验料，排料，划样，铺料，裁剪，验片、打号、拆片、包扎等工作。

模块一　验　　料

服装批量裁剪前要先验料。验料项目包括：外观、手感、花型、匹长、颜色、幅宽、纬斜（弧）、厚（密）度、缩水率、色牢度等。如果基本项目不合格，可立即归入不合格类别。

一、验料方式

服装企业一般用验布机验料，通常在自然光状态下光照度充足时进行检验，必要时在平台上进行检验。在验布机上检验，拉布速度应该合适，一般以足够看清为原则，不合适的速度会影响验布的准确性。根据面料品质和人的能力，速度一般控制在 14 ~ 18 m/min。发现了疵点，应在布边或疵点位置做标记。

二、织物疵点的评判标准

1．面料局部性疵点

（1）凡影响成衣外观质量的各种疵点，都计为一个疵点。

（2）纬向每 20 m 内可允许有一处超半幅以上疵点。如粗纱档、紧纱档、薄厚缎、稀纬等，此类疵点折算成两个疵点计。

（3）破边、针眼等细小疵点，在布边不影响成衣裁剪的可不计疵点个数，但深入布边 2 cm 以上的要计疵点个数。

（4）同一纬向上有两处或多处疵点，以最严重的算一个疵点，其余疵点在布面标出，但不作为评级的疵点个数记录在案。

2．里料局部性疵点

（1）局部性疵点计算。按实际匹长计算，每 6 m 内允许有一处，不足 6 m 的按 6 m 计。

（2）A 级品。疵点在规定的范围内，色差 4 ~ 5 级以上，无大的色花、档子，用率损耗在正常值 3% 范围内。

（3）B 级品。普通疵点个数超标在 2 倍以内，轻微色花，节色在 4～5 级，轻度边松边紧，亏尺在 0.5% 以内，用率损耗小于 5% 大于 3%。

3. 连续性疵点及散布性疵点

（1）面料经向疵点允许最大长度为面料实际匹长的 3%，如疵点长度超出此范围，面料判为不合格品。

（2）面料不论何种疵点，只要具备散布性、通匹性，均视为不合格产品。

（3）里料严重色花，节色在 3～4 级以下，通匹严重经档，严重呢面不平，亏尺欠码超过 2%，严重减裁，判为不合格品。

特别提示：

服装企业会根据不合格面、里料的实际情况退货或降级使用，降级使用的面料超出用率的部分需供应商无偿补供。

三、其他检测项目

1. 幅宽

（1）在每匹中间及匹头、匹尾进 3 m 以上分别测量其三处的宽度，以三处最小值作为幅宽的检验结果。

（2）同匹幅宽差值不超过 ±0.5 cm，同批匹与匹之间幅宽差异不超过 ±2 cm，超出此范围为不合格。

2. 长度

所有布匹在自然状态下以平台抽验长度为准，记录每匹米数。

3. 卷长

要求每卷以 60～70 m 为宜，每卷布要求一个段长。整批卷只允许 10% 可以拼接，段长要在 30 m 以上。

4. 纬斜

（1）检验方法。首先在机头处用直角尺度量面料经纬纱的垂直度，然后距机头处 3 m 开始度量，之后每隔 10 m 量一次。

（2）面料检验标准

1）素色料。精纺纯毛及毛混纺面料小于等于 4 cm，粗纺纯毛及毛混纺面料或化纤面料小于等于 5 cm。

2）条格料。精纺纯毛及毛混纺面料小于等于 2 cm，粗纺纯毛及毛混纺面料或化纤面料小于等于 3 cm。

（3）里料检验标准

1）平纹塔夫绸。小于等于 5 cm。

2）斜纹塔夫绸。小于等于 6 cm。

注意：

条、格面料差别

条料：同批条面料条型间距不能出现误差。

格料：同批格面料格子之间不能出现误差。

5. 色差

（1）色差评判依据。检验时，在布匹的匹头及匹尾剪取经纬尺寸约为8 cm×15 cm的布块，在布匹中间左、中、右各剪取约8 cm×8 cm大小的三块面料。这些小块面料用来评判同匹面料前后色差和左中右色差，同时也用来评判同批面料匹与匹之间的色差。

（2）色差评判标准。同一匹面料出现严重色花时为不合格。同匹布前后色差、左中右色差不能低于4.5级以下。批与批色差不能低于4级以下，某些客户的要求标准会更高。大货前的确认封样必须与客户指定标样一致，必须与整批大货颜色一致，尤其要保证色光一致。

6. 异味

所有散发出臭味或潮湿气味的面料都不能通过检验。

7. 手感

通过与封样进行对比，检验面料的手感。手感不能有明显的差异，差异较大时不能通过检验。

8. 缩率

首先要满足国标规定，同时根据质地的不同，无论蒸汽缩率还是水洗缩率，要求同批同质地的缩率必须稳定。

9. 对大货包装与码单

（1）确保纸卷硬度，包装不能破损变形。

（2）平幅防潮包装，卷布要整齐，不能皱、褶、松散。

（3）保证每匹面料的匹头上附有吊卡，吊卡上必须清楚正确地标明大货面料号、色号、匹号、米数、幅宽，缸染须注明缸号。

（4）最终大货合同交货数量控制在合同数量的±3%。

（5）供应商在出货前需提供大货船样4 m和匹头色差本（拒绝匹头条），同时附工厂验布检验记录报告。

模块二　排　　料

排料是服装制作中的一道重要工序。了解和掌握排料的方法不仅能缩短裁剪制作的时间，还能节省布料的用量，并提高服装产品的质量。一般来说，排料前必须首先理解服装结构和衣片图形，认识所用面料的织物肌理和性能质地，并且依据面料的门幅，结合人体的体型特征合理安排，正确计算用料。

一、织物识别和处理

织物的识别和处理对排料来说至关重要。因为不同的织物具有不同的质地特征，如不能正确把握织物的特点，那么排料制作后的服装就会产生不尽如人意的效果。

1. 织物的组织识别

织物组织有平纹、斜纹和缎纹三种。平纹织物除彩色花纹外，其正反面无多大差异，一般可以织物平整光洁的一面为正面。斜纹织物的正反面识别可看其纹路方向。如双面卡、新华呢织物的正面纹路是从右上到左下，呈汉字“撇”的笔画形态；斜纹布、纱卡织物等的正面纹路从左上到右下，呈汉字“捺”的笔画形态。如正反面均有撇斜、捺斜，便要以纹路清晰的为正面。缎纹织物有经面缎纹和纬面缎纹两种。经面缎纹的正面，经纱浮出较多；纬面缎纹的正面，纬纱浮出较多。

2. 织物的花纹色泽识别

各种色织和印花图案的面料，一般正面图像清晰、色泽匀称，反面则比较浅淡模糊。而提花织物的正面提纹丝较短，反面提纹丝较长。排料时，要特别注意织物的色差以及花纹的变化（如条纹的方向性、图案的完整性等）。

3. 织物的布边识别

一般织物正面的布边比反面平整，反面布边呈向里卷状。无梭织物正面的布边较整齐，反面边沿有纬纱的毛纱头。

4. 绒类织物的识别

绒类织物有长毛绒、平绒、丝绒、灯芯绒、斜纹绒、彩条绒、双面绒等。用绒物制作的服装有内、外衣两大类。其中外衣类一般以有绒毛的一面为正面，无绒毛的一面为反面，如长毛绒、平绒、丝绒、灯芯绒、斜纹绒等。内衣类则以无绒的一面为正面、有绒的一面为反面，使绒面贴身，如彩条绒、双面绒等（注：双面绒织物以绒毛比较紧密均齐的一面为正面）。

排料时，应考虑毛绒织物的倒顺毛，通常，色泽浅淡的为顺毛，色泽深浓的为倒毛。此外，也可用手触摸来识别顺毛和倒毛。排料时要顺毛向下，但灯芯绒料应以倒毛向下，使面料呈深色较为美观。

5. 织物的预缩处理

一般来说，棉织物和人造纤维织物缩水率较高，排料前应先将面料用水浸泡片刻，待面料浸透后，带水拎起晾干，并且晾前不要用力拧挤，以免面料失去应有的平挺度。毛料织物可用喷水花熨烫预缩或蒸烫机预缩。合成纤维织物缩水率很小，可以不做缩水处理。至于一些不宜浸水的织物，如丝绒、织锦缎、古香缎等丝绸织物，则可采用反面喷细水花熨烫预缩和高温熨烫预缩。此方法适合单件制作，批量制作时一般放缩率。

二、服装排料计算法

服装的排料计算一般取决于三个不同的变量因素：一是服装的规格尺寸（按人体的高、矮、胖、瘦和穿着状况决定）；二是款式的造型需要（包括领、袖、衣片的宽松与合体状况及附件）；三是衣料门幅的宽窄。服装算料的方法一般有经验估算法和中档尺寸推断法等。

1．经验估算法

经验估算法是在掌握各类服装的品种规格和原料门幅变化的基础上，按照实践经验进行估算。以胸围 100 cm 的女衬衫为例，90 cm 门幅用料为：（衣长＋袖长）×2；114 cm 门幅用料为：衣长＋袖长＋15（cm）。以 146 cm 门幅为例，下装臀围超过门幅 75% 应适当加料。经验估算法的特点是算料方法同排料状况基本相符，初学可依葫芦画瓢，容易掌握。

2．中档尺寸推断法

中档尺寸推断法是在掌握经验估算法的基础上，根据中档尺寸和推档用料规律来计算。同样以胸围 100 cm 的女衬衫为例，在 90 cm 门幅中胸围每增大 3 cm，用料便增加 5 cm；在 114 cm 门幅中胸围每增大 3 cm，用料便增加 4 cm。该方法的特点是能扩大算料范围和保持用料的相对正确。

三、排料方法

排料的要点是：直线靠布边，横线靠纬向，内弧靠外弧，凹面靠凸面，正斜靠反斜。此外，布边两边长度要排齐。如缺少衣服里面的面料布（如裤的门襟、里襟、后贴袋等），可用另料添补；如缺少衣服外面的面料布（如袋盖、领面等），可用同一布料添补。下面介绍几种常用排料方法。

1．折叠排料

折叠排料是将衣料双层对折叠合排料的方法。该方法具有省时、省料的特点，但在实际应用中需注意款式必须左右对称。折叠排料有纬向对折（长度对折）和经向对折（门幅对折）两种方法。

（1）纬向对折。纬向对折排料适合于除倒顺毛和图案织物外的面料。排料中要注意样板的丝绺与面料的丝绺相同。其排料形式变化较大，如采用鸳鸯条和格子织物排料，应注意主要部位的对条和对格。该方法适合批量排料。

（2）经向对折。经向对折排料适合于除鸳鸯条、格子及图案织物外的面料。其排料方法与纬向对折基本相同，但遇到倒顺毛面料时，必须将其朝同一顺毛方向排料。该方法适合单件（套）排料。

2．单层排料

单层排料方法适合于任何织物的面料，也不受服装款式颜色左右不对称的影响。其具体排料方法可根据不同的面料及款式灵活选择。

（1）对称排料。服装的左右部位可在同一层布料上和合成对，也就是说一片纸样（样板）划好后，必须翻身再划一片进行单层对称排料。

（2）不对称排料。不对称服装可以单层排料，包括前身两片不对称或者其中一片有门襟、叠门，以及需要内拼接或用镶色等（如旗袍等）。

（3）其他排料。遇到有倒顺毛、条格和花纹图案的面料，在左右部位对称的情况下，要先划好第一片纸样后将它翻身，而第二片则按第一片的同样方向（包括长度和经向方向）

划样。其他如挂面、外贴袋、袋嵌线及大身袋位等，都要左右对条和对格。另外，花纹图案也可采用同样方法划样（如羊绒大衣、唐装等）。

3．套裁排料

套裁排料是指两件（套）或两件（套）以上的服装之间相互套排，其特点是节约面料。

（1）同款套裁。所谓同款套裁，就是指款样相同的衣片之间的套裁。如上衣与上衣套裁，下装与下装套裁等。通常，裁一条裤子，当门幅在 146 cm 时，需要裤长 + 贴边宽度；门幅在 114 cm 和 90 cm 时，需要［（裤长 + 贴边宽度）×2］。但当面料的门幅大于或者等于服装臀围的 88% 时，就可以利用套裁方法，也就是［（裤长 + 贴边宽度）×3］就可以裁两条裤子。

（2）多款套裁。所谓多款套裁，就是指各种不同的衣片之间的套裁。如上装与下装的套裁等。在上装排料中，由于衣片的零部件较多，其套排的方法也就明显增多。总之，套排的要求就是减少空隙、见缝插针、灵活多变。

4．合理排料

合理排料不单纯是追求省时省料，而且要追求排料的正确性，以及根据实际情况随机应变、物尽其用。

（1）避免色差。对于有严重色差的面料，一般不宜利用。但如色差不是很大，就要考虑如何充分利用面料来避免色差。例如碰到布边略有色差的面料，可将上装前衣片放在中间。此外，裤子排料，前、后栋缝必须在同一线分开，并且最好排在面料的中间，不要放在布边。

（2）利用布边。一般来说，布边在原料加工过程中会留有较宽的针眼，排料时如不考虑避开针眼，将严重影响服装的质量和美观。为了既保证服装质量又能节约面料，一般布边的利用不得超过 0.5 cm。

（3）合理拼接。在考虑节约用料的情况下，挂面、领里、腰头、袋布等部件的裁剪通常可采取拼接方法，如领里拼接等。但挂面拼接，要考虑拼接在两粒纽扣之间，不要拼接在最上面一粒纽扣的上部或最下面一粒纽扣的下面，以免影响美观。

（4）掌握丝绺。凡高级毛料服装，衣片的丝绺是不允许歪斜的。但对于一般时装，为了追求原料的利用率，在不影响外观美的前提下，允许在素色面料和不太重要的部位，上、下可歪斜 1 ~ 2 cm。

5．紧密排料

紧密排料就是尽可能利用最少的面料排出各种服装。紧密排料一般要采用先长后短、先大后小、先主后次、见缝插针、见空补白的原则。

（1）先长后短。排料时要先排较长的部件，如前、后裤片及腰面和上衣的挂面等，后排较短的部件。

（2）先大后小。排料时要先排较大部件，如前、后衣片及袖片，后排较小的部件。

（3）先主后次。排料时要先排主要部位的衣料，如暴露在外面的袋面和领面等，后排次要部位的零料。

（4）见缝插针。排料时要根据款式的各种形状如几何图形等，在形状相吻合的情况下见缝插针，利用一切可利用的材料。

（5）见空补白。排料时如发现较大的空隙，可以通过重新排料组合或者利用一些里料进行拼接，把空白补上以节约面料。此外，如是批量的成衣排料，则要根据批量的大小决定排料方法及尺码搭配，批量少的或格子面料可用双幅排料，批量大的可用单幅排料。相同批量不同规格尺码的可以放在一起相互搭配排料，以减少重复排料，一般是小尺码与大尺码套排，中间尺码自行套排，余下布料可单件（套）排料。图 3—1 为单件女西装排料图。

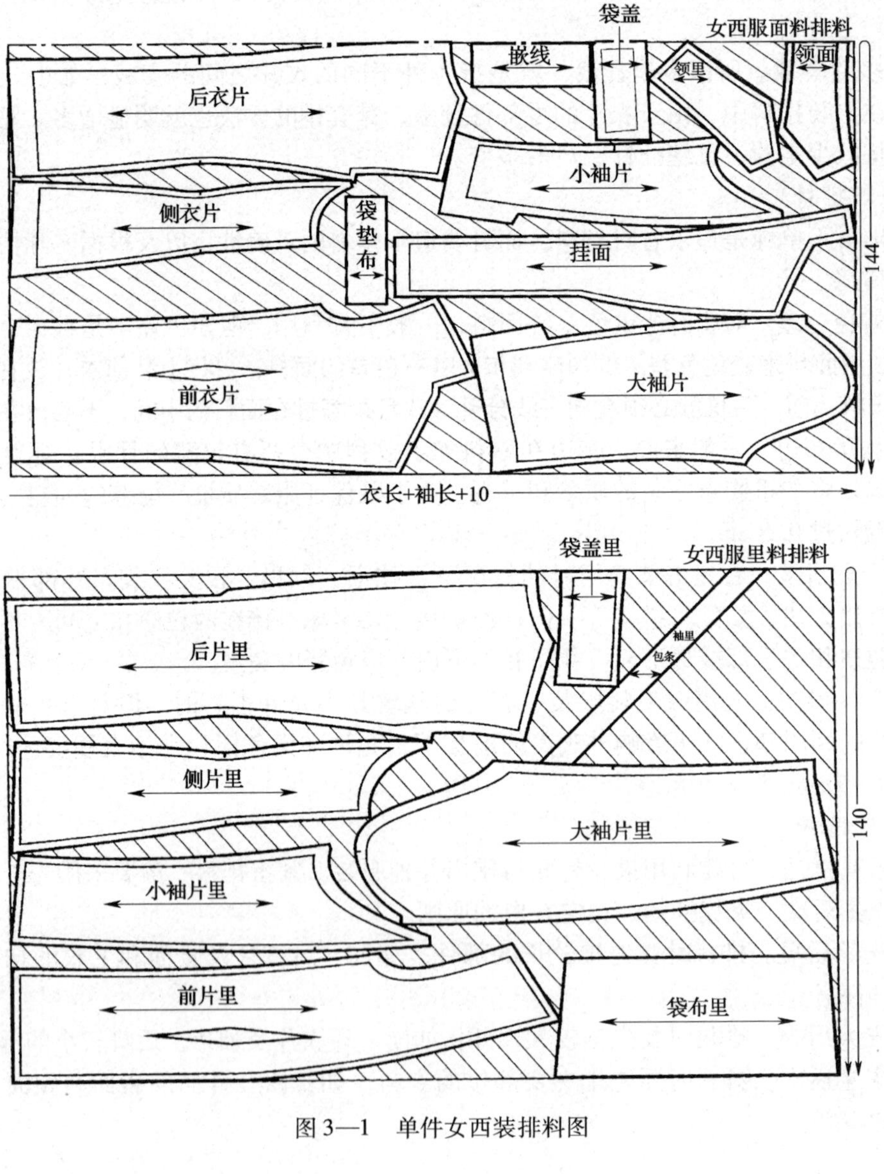

图 3—1　单件女西装排料图

模块三　划　　样

排料排好后就可以进行划样，即在纸上或布料上做记号，以便开裁。

一、划样方法

1．纸皮划样

利用样板在一张与面料幅宽相同的薄纸上划样，然后将纸直接放在布料上开裁。适用丝绸等薄料子裁剪，可防止面料污染。

2．面料划样

面料划样又称划皮，直接在面料上按样板排料划样，按线开裁。此法较易污染衣料，不适于薄料子（容易透出正面），多用于颜色较深的原料或需对条对格的面料划样。

3．漏板划样

先在平挺、光滑、耐用不缩的纸板上，按照衣料的幅宽在上面排料划样，然后准确地打成等距离钻孔的连线，再将漏板覆在衣料的表层上，经刷粉漏出衣料裁片的划样，作为开裁的依据。其特点是速度快、效率高、可多次重复使用，特别适用于大批量生产和多次翻单的产品，缺点是不如直接划样清晰，缝纫时可能会断针等。

4．计算机划样

使用计算机排料划样，直接放在面料上按图开裁。

二、划样要求

1．线条清晰明显

线条不能模模糊糊，特别是交叉点，更要明显，如有划错或改变部位的划线，一定要将划错和改变部位的划线擦去重划或另做明显标记，以防裁错。线条要连续、顺直、无双轨线迹。

2．划线准确

各种线条，如横、直、斜、弯曲、圆弧等线，必须划细、划准，不得有歪斜或粗细不匀，以免直接影响裁片的规格质量。特别是对松软的面料或弹性较好的面料，更要注意划线的准确性，防止走样变形，达不到原样要求。

3．划具良好

要根据面料选择划具。直接划样时，质地轻薄、颜色较浅、纱支较细的面料（如衬衫料）可用铅笔，面料厚宽、颜色较深的套装料可用白铅笔或滑石片划样，厚重、色深、毛呢料可用划粉。薄纸划样可用铅笔。划具颜色既要明显又要防止污染衣料，不宜用大红、大绿等颜色划样，以免渗色，尤其忌用圆珠笔等极易污染衣料的划具。划具要削细、削尖，保持划线匀细、清晰。

4. 做好记号

对于各种规格的套裁，必须在划样时做好记号，严防搞错影响质量。

模块四 铺 料

按照裁剪方案所确定的层数和排料划样所确定的长度（版长），将服装面料一层层平铺在裁床（裁剪案板）上称为铺料。服装生产中的铺料，一般涉及铺料工艺技术要求、铺料方法、布匹衔接和铺布设备等知识。

一、铺料工艺技术要求

铺料工艺看似简单，但若操作不当也会造成严重的经济损失，所以铺料需要按照严格的技术要领与质量要求来操作。主要包括以下几个方面：

1. 布面要平整

铺料时，必须使每层材料表面平整，不得有折皱、歪扭不平现象，否则衣片将变形，给缝纫工作带来困难，并对服装效果及质量产生不利影响。

造成布面不平整的原因主要有以下情形：

（1）材料较厚重、表面粗糙（如有绒毛、毛圈等），其表面阻力很大，材料之间不易滑动，较难展平。

（2）材料较轻薄、表面光滑，布层之间摩擦力很小，不易稳定，稍有风动或受力便造成材料变位，难以铺平。

（3）织物密度或紧度较大，或经涂层及表面处理，材料透气性较差，铺料时空气不易排出，造成表面鼓胀不平。

（4）材料在贮运过程中保管不善，布面折皱太多，而铺料前又没有进行充分处理，铺料中处理不周，造成布面不平整。

（5）有些材料由于其结构或处理方式使材料具有卷边或起翘性，也易造成布面不平整。

2. 布边对齐放正

铺料时，要求每层料布边对齐，不能有参差不齐现象，否则易造成短边部位裁片尺码规格变异，造成次片。布边里口处一般要求较严，必须上下整齐，差异不得超过 2 mm，因为里口部位将作为将来排料的基准边。另一边以保证自然平整即可。造成布边不平整主要有两种情况：一是布边太紧造成布里起拱。原因多是光边织物的边纱或边组织选用及设计不合理，解决办法可沿边纱方向，每隔一定距离沿斜向打剪口，以降低布边抽紧起皱。二是边部浮松呈波浪起皱现象。处理方法主要是每隔一定距离在材料边部进行剪缺口处理。

3. 张力均匀且尽量小

要想铺料平整，必须施加一定张力，力道必须均匀且尽量减小，以防止因内应力回缩不匀而起皱。

4. 方向一致、符合要求

许多材料有明显正反面或具有特殊的方向性，铺料时为保证效果一致，材料应保持同一方向。

5. 对正图案

对于有条、格、花纹、图案的材料，为保证或突出设计效果，在排版方案设计时有时会做必要处理，故要求在铺料时按设计要求对正图案。解决方法有两类：一是加大放份，材料条格、花纹较细小时可采用，要求衣片在缝纫时完成对条、对格、对图案要求；二是对正铺料钉针法，对条格及图案较大的可采取此法，但由于材料浪费较大，故应根据排版设计，在铺料时按排版方案设计严格每层通过钉针的方法进行铺料。

6. 铺料长度准确、两头整齐

铺料长度 = 划样长度 + 两头（损耗）预留量

划样长度一般等于排版长度的整数倍，两头预留量主要是由于材料有内应力，而铺料后内应力消失，故存在一定回缩。留量大小主要取决于回缩大小，以保证不致回缩到划样长度以内为宜，通常两头预留量可为 5 ~ 10 cm。

7. 宽幅宽用、窄幅窄用

一般宽幅材料应铺在宽幅裁床上，窄幅材料铺在窄幅裁床上，材料布边到裁床边缘有 10 cm 的余量。

8. 铺料层数准确

铺料层数主要取决于材料厚度及裁剪设备生产能力和订单要求数量。

二、铺料方法

铺料方法主要分为单向铺料与双向铺料两种。

1. 单向铺料

单向铺料是面料全部正面向上或全部反面向上，即单层一个面向的铺料方法。将一层面料从出发点铺到所需的长度后断开，然后将布退到起点重复操作，铺完为止（见图 3—2）。

单向铺料是一种最为普遍的铺布方式，裁剪后衣片编号一层层地编写，也叫“单划号”。因此，单向铺料必须在排版时考虑左右对称衣片的排列，不能出现“一顺”的现象。服装左右衣片有不对称现象、面料有倒顺方向时，必须采用这种铺料方式。但由于单面划样，左右衣片单独排料，所以对于左右对称的衣片容易产生一定的误差。

2. 双向铺料

双向铺料又称来回折叠铺料，它是将面料正反交替展开，形成层与层之间面与面相对、里与里相对的形态，又可分为折转双向铺料与冲断反转双向铺料两种方式。

（1）折转双向铺料。这种方式是把面料从出发点铺到所需的长度后，直接折回再铺，如此反复，如图 3—3 所示。

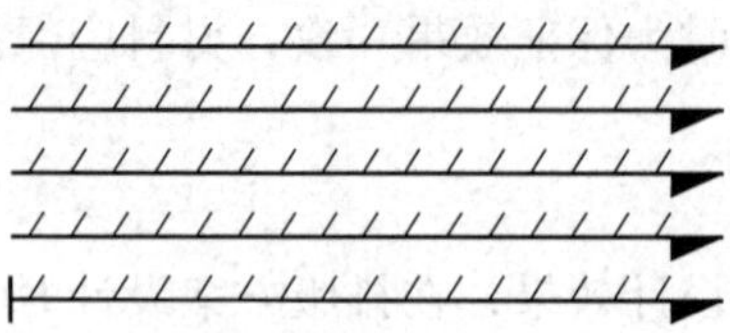

图 3—2　单向铺料

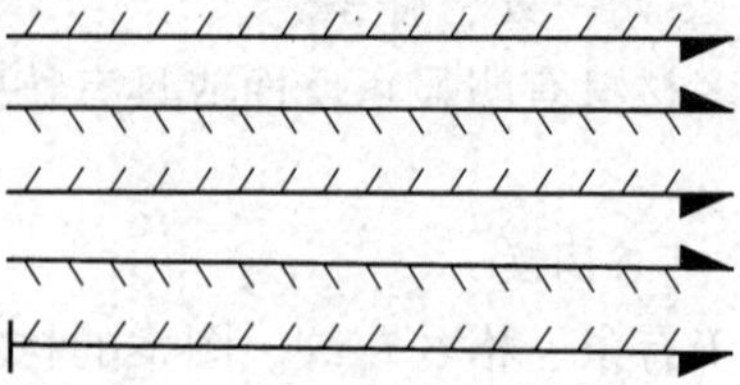

图 3—3　折转双向铺料

这种铺料方法具有无倒顺的缺点，其上下两层面料衣片的倒顺方向是相反的，故不可用于有倒顺毛与倒顺方向的面料铺料。

由于是折叠铺料，减少了面料冲断的次数，因此这种方法不但可以在一定程度上提高铺布效率，而且可以在一定程度上节省面料。并且由于其面对面、里对里的铺料特点，排版时可以不考虑左右对称，衣片编号时两层为一组，按“1、1，2、2，3、3，4、4，…”顺序编写，又称“双划号”。

由于排料时可以不考虑左右对称，因此更有利于衣片的紧密排列，增强了排料的灵活性，提高了面料的利用率。但由于此时的服装是由上下两层的面料缝合而成，因此要注意上下两层面料的色差（段差）。如果在面料上直接排版，版样应该连续留取同样长度的两块面料（含版样），以确保排版层的上下两层对色。

当然，对于较厚的面料或刚性较大的面料，由于折转时折转线难以平服，这样会造成两端高起不便裁剪，因此不适用这种铺料方式。

（2）冲断反转双向铺料。这种铺料方法是将一层面料从出发点铺到所需的长度后冲断剪开，再退回原出发点，翻转 180°进行第二次铺料，如此反复，如图 3—4 所示。

图 3—4　冲断反转双向铺料

这种铺料方法具有折转双向铺料的优点，同时解决了折转铺料上下两层方向不一致的问题，可以适用于有倒顺方向面料的铺料。并且，由于面料是按版长冲断的，因此也适用于厚料与刚性大的面料。但由于需要往复反转，增加了铺布的工作量，且不适合铺布机操作。

当然，如果按照单向铺布的排版与划号方式，双向铺布也可以由同一层面料构成一件衣服。上述铺料方法各有优缺点，在实际生产过程中一定要根据现场实际状况灵活掌握。

模块五　裁　　剪

在整个生产过程中，裁剪具有承上启下的作用，它是将布料用裁剪设备分割成衣片的过程。裁剪工序不论对工艺技术还是加工设备都有很高的要求。

一、裁剪机械

1. 手工裁剪

一般指剪刀裁剪，特点是效率低、精度差。

2. 手动裁剪

这种裁剪方法使用的设备主要是电动裁剪机，简称电剪。裁剪时，手推电动裁剪机使之在裁床上沿划样工序标的线迹运行，利用高速运动的裁刀将面料裁断。分直刀式与圆刀式两种。

（1）直刀式裁剪机。其刀片为直线形，切割时刀片除按进刀方向运动外，还沿刀刃方向做上下往复运动。它切割厚度大（9 ~ 29 cm），适用范围广，对各种材料、各种形状（直线、曲线）都可以自如地进行裁剪，是我国服装业应用最广的一种裁剪设备（见图 3—5）。

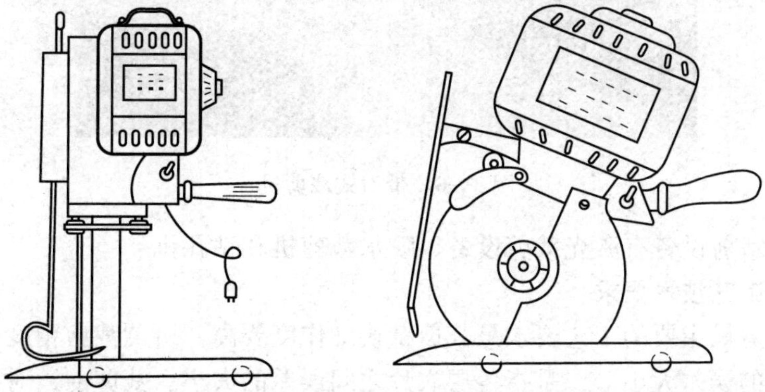

直刀式裁剪机　　圆刀式裁剪机

图 3—5　手动裁剪机

（2）圆刀式裁剪机。其刀片为圆盘形钢刀，刀刃转动旋向重叠的面料。由于裁剪时易造成上下层面料切口不齐，所以主要用来裁剪薄层衣片（ < 10 cm），其不易转弯，适用范围小，适用于小批量服装或样衣的裁剪（见图 3—5）。

3. 带刀式裁剪机

刀片为一环形的钢带。裁剪时机器不动、布料移动，类似于锯木头。带刀的厚度约 0. 5 mm，带宽 10 ~ 13 mm，带长 2. 8 ~ 4. 4 mm，切割速度在 500 ~ 1 200 m/min（可调），最大切布厚度为 300 mm（见图 3—6）。其特点是：切割厚度比直刀厚；由于钢带较窄，裁剪时易于转弯，可裁较复杂的形状；由于钢带相对固定，所以裁料的垂直度好，上下层尺寸易保持一致，精度高；但由于台面不动、布料动，所以不适宜裁大料，适宜于零部件的裁剪。针织服厂铺料较短窄，应用较多，还可与直刀式裁剪机（裁大料）配合使用。

4. 冲压机

用冲压模具直接进行冲裁，特点是精度高，适用于大批量规格不变的产品，如衬衣领衬等。但其不适用于当前的多品种小批量生产，因为制模具费时，成本也较高。

图 3—6　带刀式裁剪机

其他非机械裁剪设备有激光裁剪设备、喷水裁剪机和钻孔机。

二、裁剪的工艺技术要求

服装工业裁剪最主要的工艺要求是裁剪精耕细作度要高。所谓裁剪精度，一是指裁出的衣片与样板之间的误差大小，二是指各层衣片之间误差的大小。裁剪前，对有些布料如尼丝纺的布边，需间隔裁剪几刀，因为这些布料的布边往往太紧，易造成布中间不平。裁剪的工艺要求如下：

1. 进刀路线

一幅完整的划皮，纵横交错裁片线条很多，应该从哪条线路进刀，一般的经验是采用“三先三后”的方法。即：先横裁后直裁；先裁外口后裁里口；先裁部件后裁大片。这种裁法既顺手又方便，既能保证质量，又能提高工效。

2. 刀垂直于台面

对于直刀式裁剪机，要使底盘滑轮紧贴案板滑行。要将案板上的布屑、杂物清除干净，防止电剪在进刀时由于高低不平或触上杂物，造成刀片倾斜或断刀事故，使上下层衣片规格不一样。

3. 刀始终保持锋利清洁

进口电剪一般有自动磨刀装置，开剪前按一下磨刀装置即可。国产刀一般要人工用磨刀磨几下，若刀不快，刀茬就不会整齐圆顺。

4. 手用力均匀

握电剪的手要稳，不要停停进进，要一气呵成，使衣片线条圆顺整齐，不出重茬和锯齿现象。按布的手力要适当。按力太重会进刀不畅，遇有松软原料，还会使原料向手按处涌皱；按力太轻，则裁片易移动，易造成规格误差，或裁片变形达不到质量要求。

5. 裁拐角时最好用二刀

电剪刀片有一定的宽度，小转弯可以，大转弯易把尖角裁掉，不能确保裁片质量。

6. 刀眼正确

刀眼不要太深，也不宜太浅，一般掌握在离边缘 2 ~ 3 mm 处。

7. 钻孔准直

钻孔的位置要准，孔要小而直，不准错位，严防因钻孔热量过高熔化粘合眼孔而揭不开层。

8. 进刀钻孔符合质量要求

裁片刀要整齐圆顺，不准有缺口和锯齿，切面要垂直，不歪不斜、不走刀、不多肉、上下片大小一致，钻孔要小而直、不偏不斜、不漏不毛，更不准出现粘合现象。

模块六　验片、打号、拆片、包扎

一、验片

验片是对裁剪质量的检查，目的是将不合质量要求的衣片检出，避免残疵衣片投入缝制工序，影响生产的顺利进行和产品质量。

（1）裁片与样板相比，检查各裁片是否与样板的尺寸、形状一致。

（2）上下层裁片相比，检查各层裁片误差是否超过规定标准。

（3）检查刀眼、定位孔位置是否准确、清楚，有无漏剪，不能有上下层偏差。

（4）检查对条对格是否准确，能否合缝（袖子、上衣侧缝、裤子下裆缝等）。

（5）检查裁片边际是否光滑圆顺，后衣片对折是否对称，前衣片两片大小是否一致。

二、打号（编号）

打号是把裁好的衣片按铺料的层次由第一层至最后一层打上顺序数码。打号的目的是为了避免色差及防止衣片混乱，避免正反面搞错。有的面料无正反面区别，且不存在色差或客户不作要求，对质量要求不高的可以不编号。

1. 编号方式

用七位数字表示：×××××××。

直接用顺序号（工厂常用），因为床数与规格在交接单上已标示出。号码一般由七位数字组成，自左至右，最左的两位数表示裁剪的床数，接着两位数表示规格号，最右面的三位数表示层数。例如，0240135 表示此裁片是第 2 床裁剪的，规格是 40 号，是第 135 层面料裁剪出的裁片。

2. 编号位置

编号要编在布料的反面，而且是在底边的边沿上，字要小而清楚。

3. 打号要求

打号时要避免漏打、重打、错打，否则易造成成衣色差，影响成衣质量。一般双层铺料时，正反两片均编同一数字。

裁片打上号以后，编制过程中必须用同一号码的各裁片组成一件服装。

三、拆片

对于单向铺料不用拆片，因为每叠裁片正反面朝向相同，而且在缝制车间里，每个流水组只要按顺序每叠衣片各拿一片就成了一件服装。而正反面双层铺料时，如衣片是成对的（如前衣片两片，后衣片两片，口袋两只，袖片等），只需编号，不要拆片。但对双层铺料，衣片有一只不成对即单片时（如两片前衣片，而后片为一片大身片），则既需编号又需拆片。拆片方法是将双层变成单层，即每叠衣片变成两叠，拆片后每叠衣片的朝向相同。在缝制时往往采用前衣片为上下片，再拿一片后衣片缝制在一起，另一上下前衣片也与另一后衣片缝在一起，这样的方法可使上下前衣片完全对称。

四、包扎

缝纫车间一般按流水分成小组，为不使衣片搞混或造成色差，需要将一件衣服的衣片放在一起，按顺序编号，通常是 20 件一捆。总的要求是方便生产、提高效率。裁片分组应该适中。分组过大，给缝制车间流水线的输送和操作造成不便；分组过小，裁片分散凌乱，不便于管理。分组包扎时，还要注意不要打乱编号，小片裁片不要散落丢失，捆扎要牢固。最后要将填写好的交接生产单放在一起，供车工、检验、锁钉、大烫等各部门使用。

第四单元　服装缝制

模块一　A 裙缝制

A 裙属于半截裙，外观呈 A 字形，前身一片有四个腰省，后身两片，左右各有两个腰省，后中装拉链，腰围后中钉纽扣或者装钩扣，裙身前中不分割、后中分割。A 裙是最基本的裙型，是适合中青年女性穿着的款式（见图 4—1）。

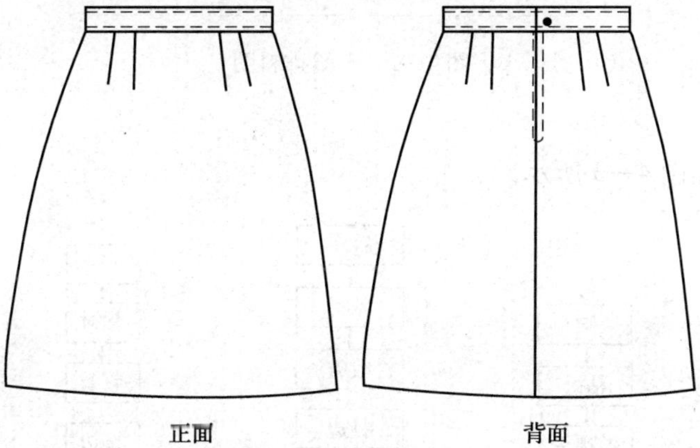

图 4—1　A 裙款式图

一、排料与裁剪

A 裙的裁片有：腰头、前片和后片。图 4—2 是没有倒顺毛面料排料图。细线表示的是净样板，在其基础上加放出加工工艺所要求的缝头及贴边。一般下摆放 3 ~ 4 cm、后中 1.5 cm，其余的缝头均为 1 cm。外轮廓线表示的是实际裁剪的毛样。图中“→”表示直纱方向，裁剪时要按照纱向要求排料、下料，遇到条格面料要注意左右对称和恰当对格对条。如果是有倒顺毛的面料，要一顺排料。

二、缝制质量要求

（1）腰头宽窄一致，明线宽窄一致，腰口松紧适宜，腰左右平服。

（2）门襟里襟不可拉伸变形，门里襟长短一致，拉链不可露出，开口下端要平顺。

（3）裙摆贴边宽窄一致，下摆平顺、不起涟。

（4）外观整洁，熨烫平服，没有线头、烫黄、烫焦等污渍。

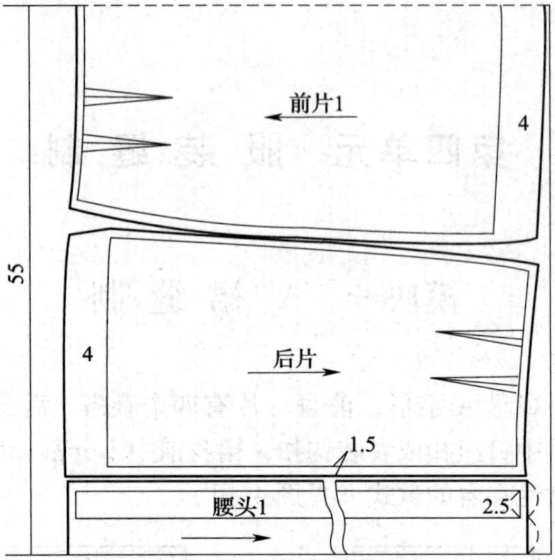

图 4—2　A 裙排料图

三、缝制工序

A 裙制作工序如图 4—3 所示。

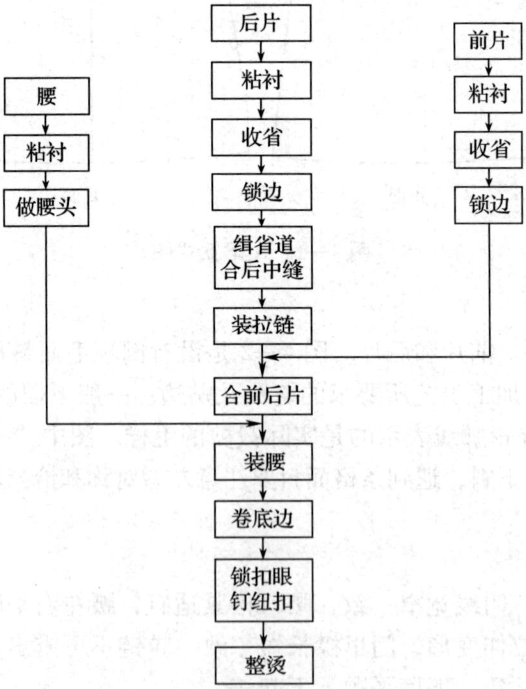

图 4—3　A 裙制作工序

四、缝制方法及要领（见表 4—1）

表 4—1 **A 裙缝制方法**

缝制方法	图　　示
工序名称：粘衬 工序设备：熨斗、烫板 工序要点：后中缝开口处在反面粘无纺衬 注意：粘合衬有胶的一面要与面料的反面相对，面料在下、粘合衬在上，衬上面铺一层薄纸，然后用烧热的电熨斗熨烫，使胶熔化、粘牢。铺薄纸的目的是防止熔化了的胶漏到熨斗上妨碍使用	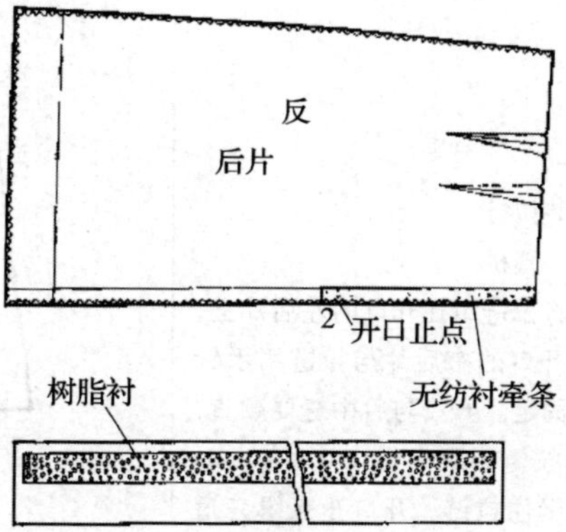
工序名称：锁边 工序设备：锁边机 工序要点：裙片的正面朝上。侧缝、底边及后中缝用包缝机锁边。遇到较薄的面料时，底边不必包缝，可以将底边卷光。腰口不锁边	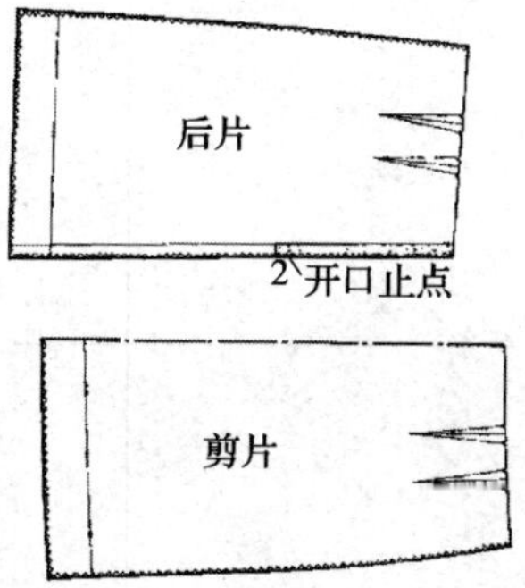
工序名称：缉省道、合后中缝 工序设备：平缝机 工序要点：缉省道时起点要倒回针，省道要缉尖，尖端处不要倒回针，要留出余线打成结，以防开线 后中缝开口以下缝合，起止点要倒回针。然后将省道向中心方向烫倒，后中缝烫开。开口以上的熨烫区别如右图中所示	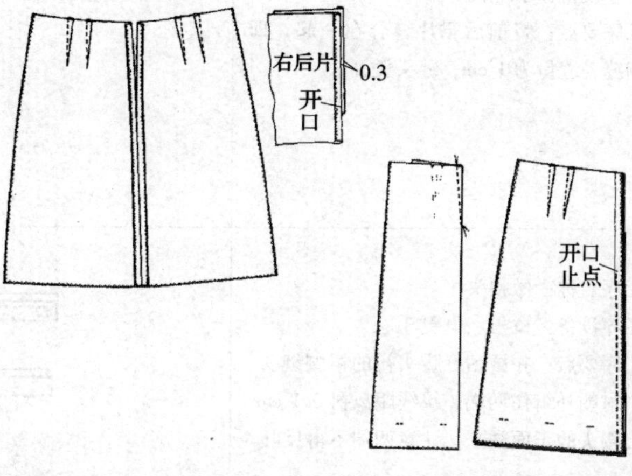

缝制方法	图　　示
工序名称：装拉链 工序设备：平缝机 工序要点：将拉链缉在开口的左后片上，关闭拉链，把开口的右后片与拉链用手针缝在一起临时固定。开口与后中缝要顺直，并且不能露出拉链。距离止口 0.8 ~ 1 cm 缉明线，同时缉住拉链。开口止点缉三道重叠在一起的线，即封结子	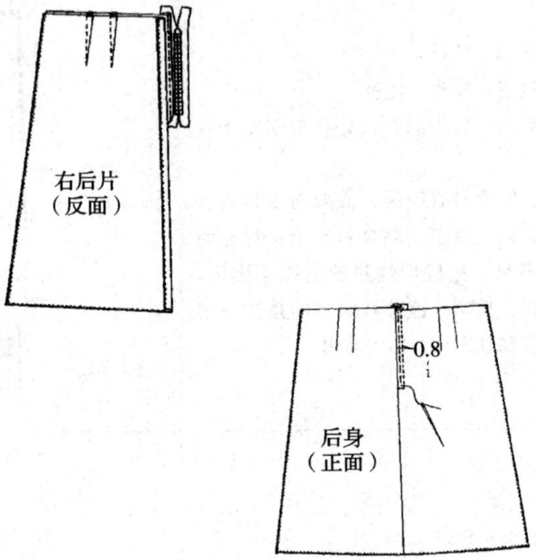
工序名称：合前后片 工序设备：平缝机 工序要点：将前后裙片缝合在一起，即合侧缝，缝份为 1 cm，缝头烫开	
工序名称：做腰头 工序设备：烫板、电熨斗 工序要点：扣烫粘好腰头衬的裙腰缝头，腰头衬朝外缉住两端，缉线距离衬 0.1 cm。翻出腰头的正面烫平，注意两端不得反吐	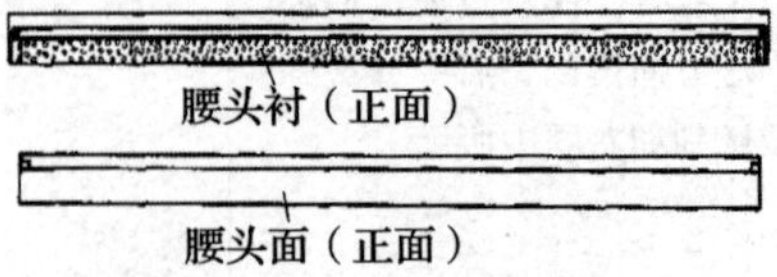

缝制方法	图　示
工序名称：装腰 工序设备：平缝机 工序要点：装腰开口的左侧留出里襟，腰头里的正面与裙身的反面相对缉在一起，开口的右侧腰头与裙片要对齐，将腰头面的正面翻至裙身的正面，里襟缝头扣净。从左侧里襟开始沿着腰缝缉腰头明线 0.15 cm，缉至右侧门襟，然后沿着腰头的边缘缉一周明线	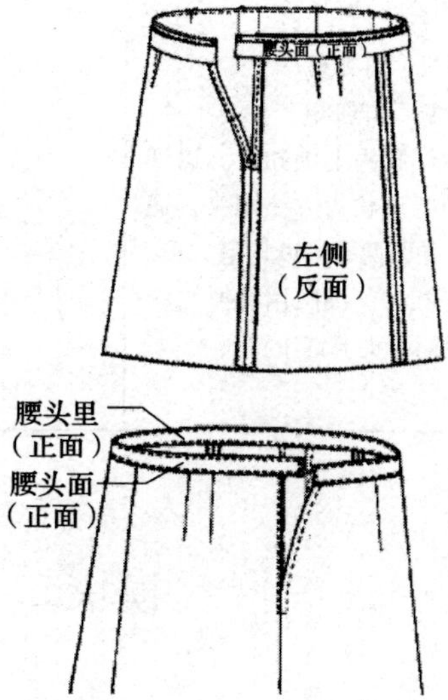
工序名称：卷底边 工序设备：平缝机 工序要点：沿着贴边线钉把底边扣烫圆顺，用手针塞缝临时固定，然后用三角针缲好。遇到较薄的面料底边未包缝时，可以卷边直接缉明线或卷边缉线之后再缝三角针	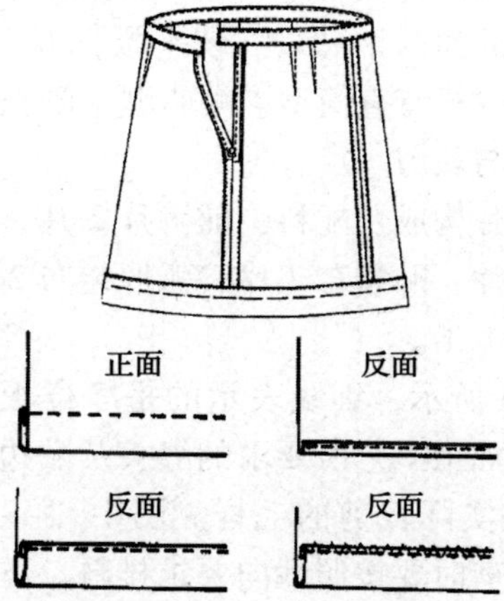
工序名称：整烫 工序设备：电熨斗、烫板 工序要点：剪净线头，把腰头、贴边、侧缝烫平。在正面熨烫时要垫水布，用力要均匀，温度要适中，裙子不得变形走样，不能有亮光、烫痕，更不能烫黄、烫破	

续表

缝制方法	图示
工序设备：锁眼机、钉扣机 工序名称：锁扣眼　钉纽扣 工序要点：右后侧腰头上锁扣眼。遇到较厚的面料时，扣眼形状为方尾圆头；遇到较薄的面料时，扣眼两端可以均呈方形。扣眼大小应与扣子相符。锁眼用线要与裙料颜色一致。左后侧腰头上钉纽扣	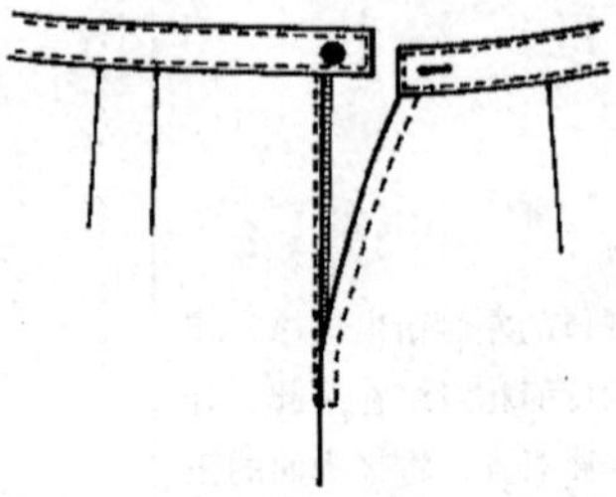

模块二　牛仔裤缝制

牛仔裤是人们喜欢的休闲裤装。普通牛仔裤又称为五袋裤，前面两个月亮袋，右袋里面有一个表袋，后面两个贴袋。装平腰，五个串带袢，前门襟装拉链，后臀横向分割，有育克。根据裤脚款式有直筒型、喇叭型、阔腿型等（见图 4—4）。

一、排料与裁剪

牛仔裤裁片构成及配料：前裤片 2 片、后裤片 2 片、后翘 2 片、门襟布 1 片、里襟布 1 片、腰头布 1 片、贴袋布 2 片、弧形袋布 2 片、垫布 2 片、拉链 1 条。

如图 4—5 所示，细线表示的是净样板，在其基础上加放出加工工艺所要求的缝头及贴边。外轮廓线表示的是实际裁剪的毛样。图中“→”表示直纱方向，裁剪时要按照纱向要求排料、下料。

图 4—4　牛仔裤外形图

二、缝制质量要求

（1）外形美观，各部位符合成品规格要求。

（2）外形美观，内外无线头，门里襟缉线顺直、长短一致，封口无起吊，门襟无涟形。

（3）侧袋、后袋袋口平服，袋口两端固定，后袋四角方正，袋角无裥、无毛出。

（4）小裆和后裆缝需缉双明线。

（5）装腰头顺直，串带袢整齐，前后裤中线清晰挺直。

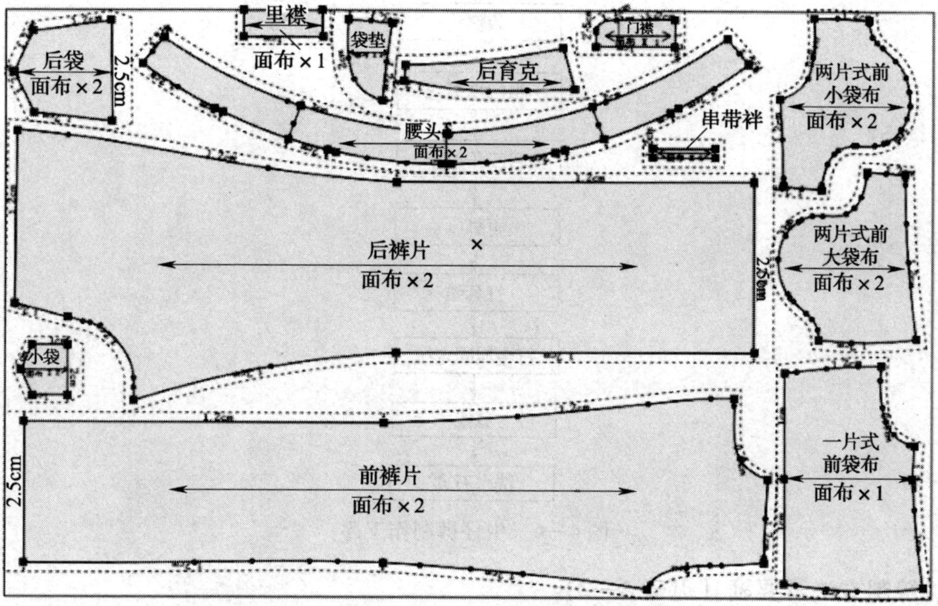

图 4—5　牛仔裤排料图

（6）表面整洁，无烫焦、烫黄、极光，无油污渍，无水印。

三、缝制工序

牛仔裤制作工序如图 4—6 所示。

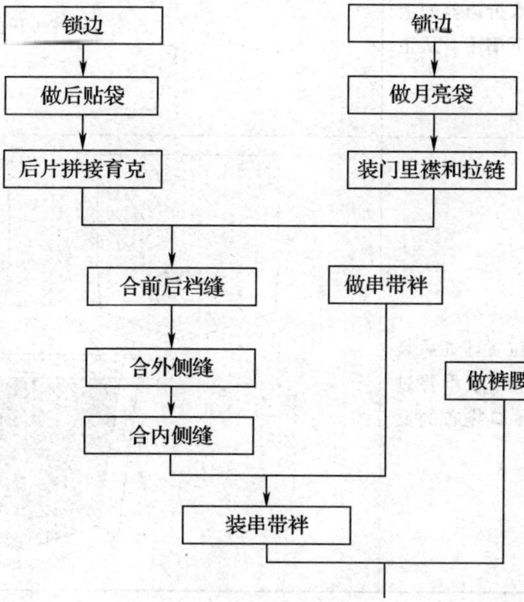

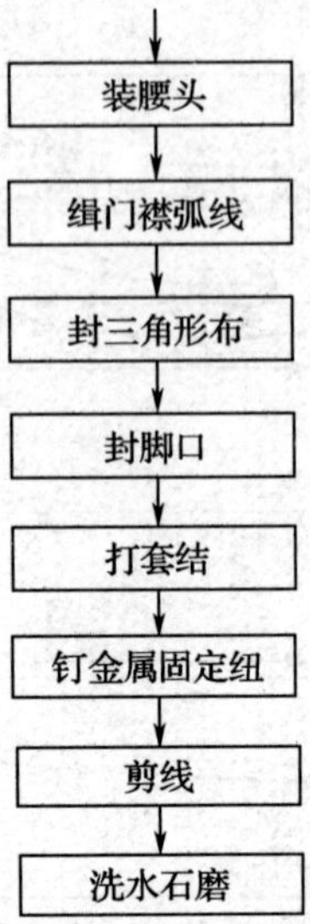

图 4—6　牛仔裤制作工序

四、缝制方法及要领（见表 4—2）

表 4—2　　**牛仔裤缝制方法**

缝制方法	图　示
工序名称：后片拼接育克 工序设备：双针平缝机 工序要点：将后裤片的缝份放入折边器的上槽中，育克的缝份放在折边器的下槽中，从正面车缝	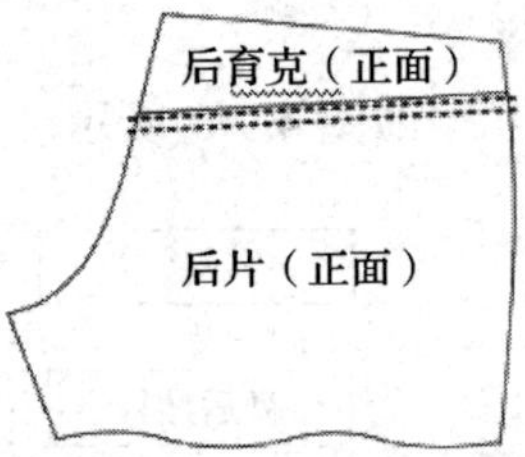
工序名称：做后贴袋 工序设备：平缝机、熨斗 工序要点：用印模将后袋纹样位置印在后袋的正面，按印迹准确车缝明线，印浆不要过湿，缝份线要顺直。将模具放在口袋布的反面，按模具扣烫口袋	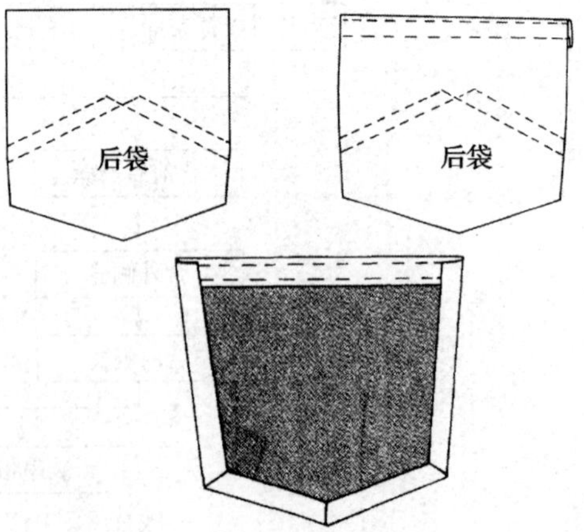

续表

缝制方法	图　示
工序名称：缝合后裆缝 工序设备：双针平缝机 工序要点：将左后片裆缝放入折边器的上槽中，右后片裆缝放在折边器的下槽中，由下至上从正面车缝裆缝	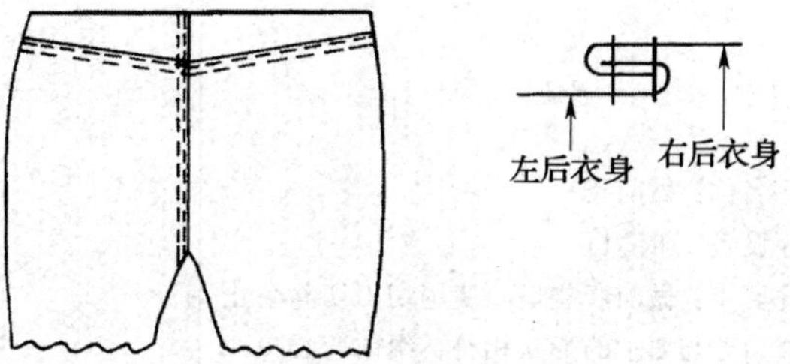
工序名称：绱后袋 工序设备：平缝机 工序要点：在后裤片上标出口袋的位置。将左后袋放在准确位置，以连续线迹车缝在后裤片上。同样的方法车缝右后袋，同时离袋口 2.5 cm 处夹缝标签	
工序名称：做表袋 工序设备：平缝机 工序要点：先扣烫袋口，压直线；在右袋垫上定位，沿着定位点将表袋压缉三周，不得歪斜	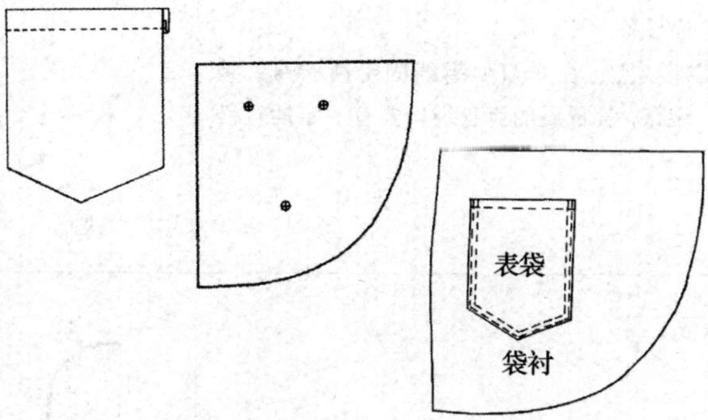
工序名称：绱袋衬于袋布 工序设备：平缝机 工序要点：袋布与袋衬上边对齐，袋衬外侧边与袋布对齐，沿袋衬圆弧边缉线	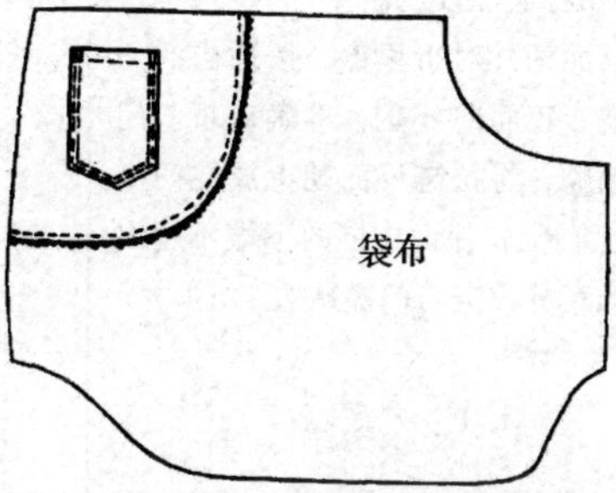

续表

缝制方法	图示
工序名称：做前袋 工序设备：平缝机 工序要点：做前弯袋口。使用切刀切除余止口，袋口要与要求的形状相符；缉前弯袋口双线，双针沿前弯袋口位缉明双线，要求将止口翻尽，且不能出现缉光与起皱现象 缉前袋布底。将袋布反面对反面对折，沿袋底边缉线，然后将袋布翻出正面，在袋底处缉上明线，要求袋底弯位要圆顺	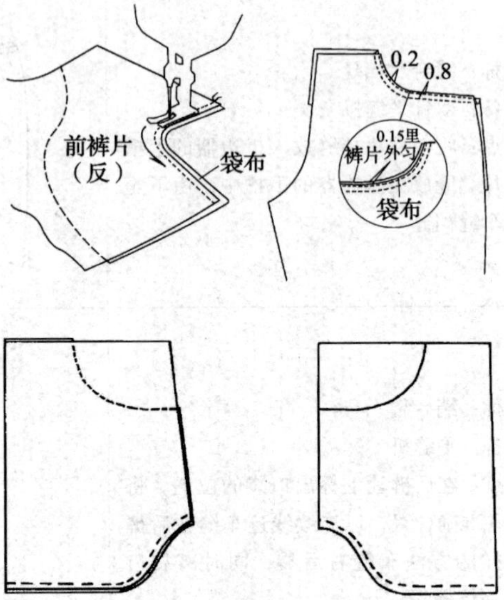
工序名称：固定前弯袋口 工序设备：平缝机 工序要点：在止口处缉线固定前衣身、袋衬、袋布，完成后的前弯袋口要有一定的宽松度	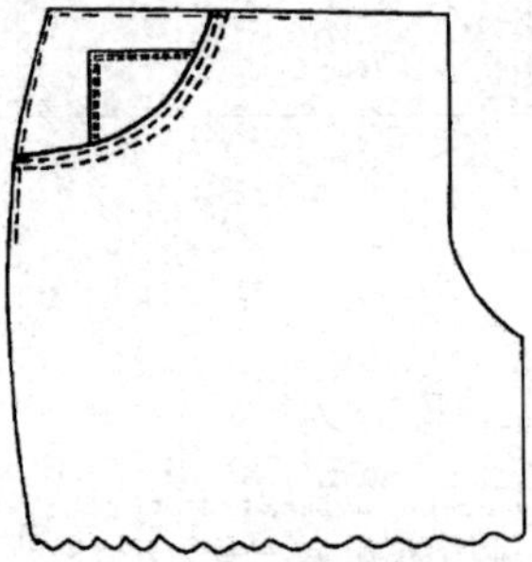
工序名称：做门里襟 工序设备：平缝机、拷边机 工序要点：反面朝外对折里襟，按适当的角度车缝底襟下端，正面向外翻，准确对折。门襟贴边的边缘圆顺，将拉链反面朝上放在门襟贴边（正面朝上）上，保证拉链的下端不超出门襟贴边。双线车缝拉链与门襟贴边	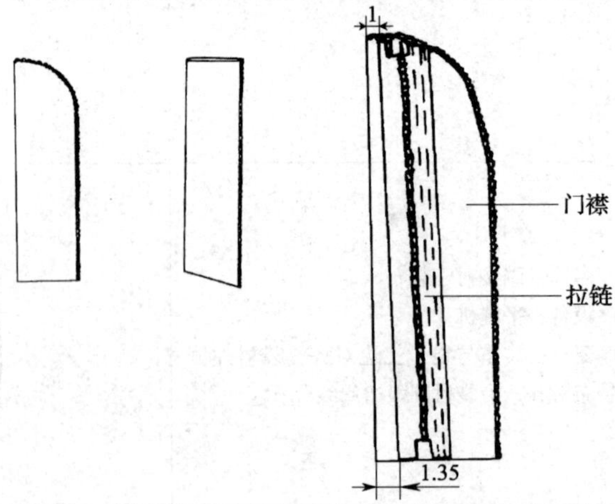

缝制方法	图　　示
工序名称：绱门襟 工序设备：平缝机 工序要点：门襟贴边与前门襟对齐。将门襟贴边与前裤片正面相对，车缝前裆弯，将门襟贴边向前片反面翻折。车缝前门襟边明线，留线尾长 2. 5 cm。将门襟宽度导向尺放在前片上，缉门襟明双线	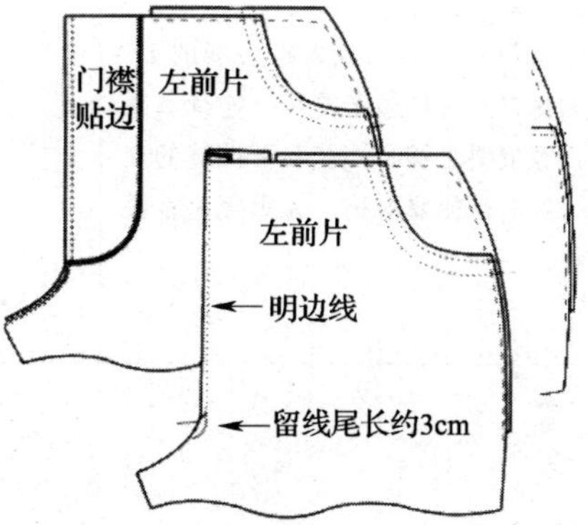
工序名称：绱里襟 工序设备：双针平缝机 工序要点：将拉链布处于里襟和右前裆中间，右前裆向里折一个止口，且止口从上到下逐渐减少，并用双线固定里襟、拉链和右前衣身，将右前小裆向面折止口后缉线固定 双针平缝机缉小裆，将左前小裆止口向里折后叠在右前小裆处，由小裆底缉线至门襟线上三针左右，要求缉线均匀，没有落坑现象	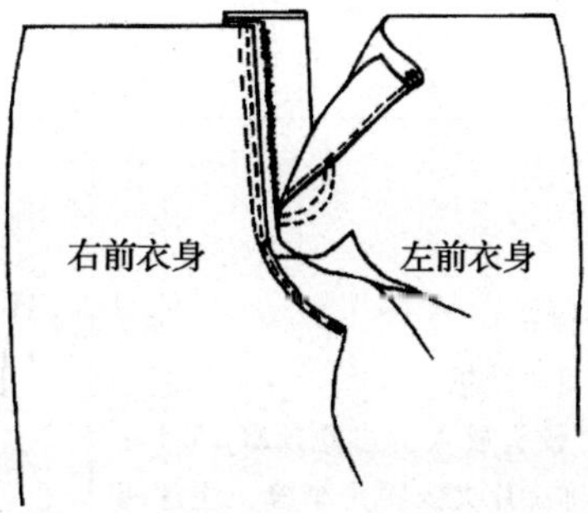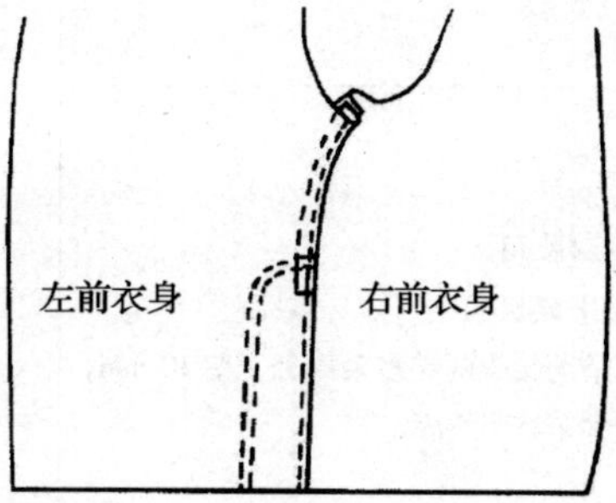

缝制方法	图　示
工序名称：压十字裆 工序设备：双针平缝机 工序要点：分别将前后片放入折边器的上、下槽中。从右裤口经过裆缝至左裤口连续车缝下裆缝，缝份宽度要足够。裆缝和下裆缝的交叉点要对齐，左右裤腿要对称，无重复、重叠线迹，无跳针	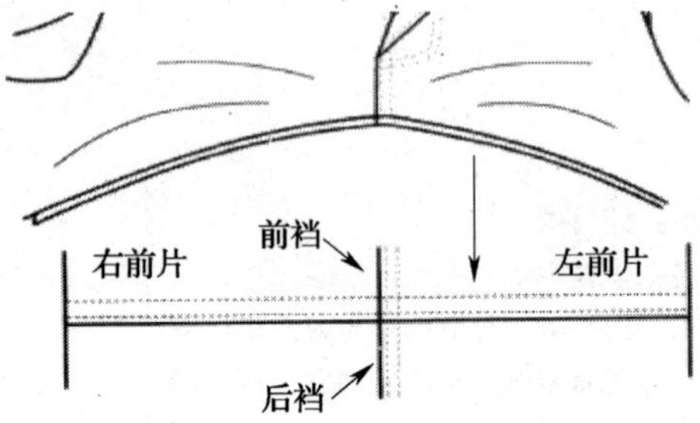
工序名称：拼侧缝 工序设备：平缝机 工序要点：前片朝上，从腰口至裤口包缝侧缝，另一边侧缝由裤口至腰口包缝	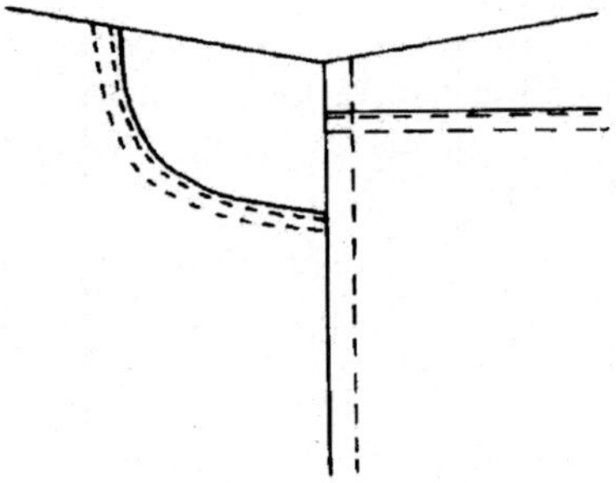
工序名称：绱腰头 工序设备：双针平缝机 工序要点：将腰头放入折边器预缝 25.4 ~ 50.8 mm，然后将裤片夹入腰头车缝，注意两边要对称	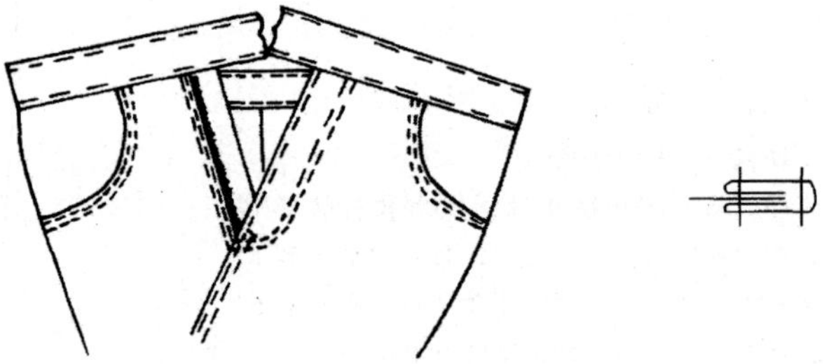
工序名称：封腰口 工序设备：平缝机 工序要点：清剪腰头两端多余部分，留 10 mm，折净腰头两端并车缝明线固定	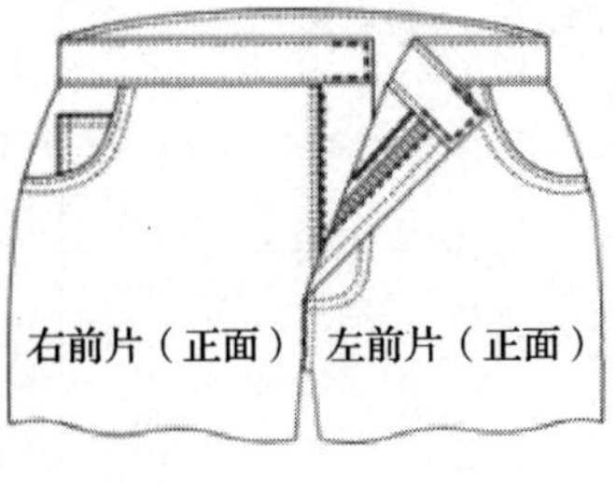

缝制方法	图　　示
工序名称：锁眼 工序设备：锁眼机 工序要点：拉开拉链，将左侧腰头反面翻出。左侧腰头反面顶端位置锁扣眼，无跳针，线尾长度适当	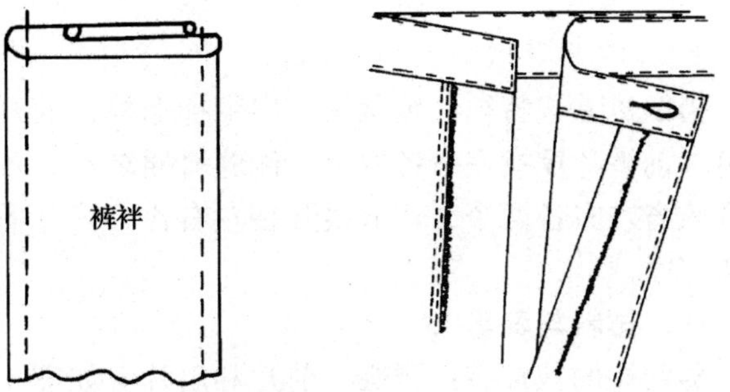
工序名称：套结（装串带袢） 工序设备：套结机 工序要点：将连续的布条放入折边器中制成一长串带袢，宽度要准确，长度要符合标准。按要求长度剪串带袢，前腰距前侧袋口 10 mm 处两串带袢套结，后裆中间位置的串带袢及两侧对称的两个串带袢套结，后袋口两端、门襟下端套结加固	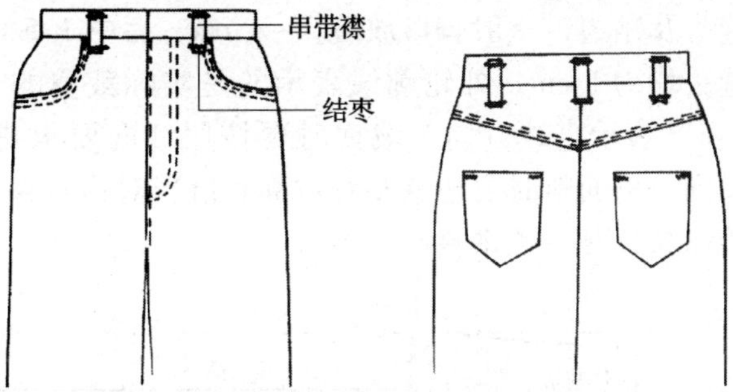
工序名称：卷裤脚口 工序设备：平缝机 工序要点：从下裆缝位置开始连续车缝裤口一周，到头后再重合几针	操作图示 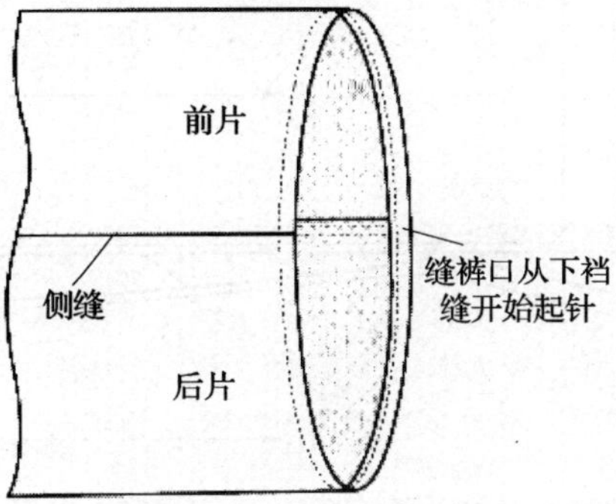
工序名称：钉标牌 工序设备：平缝机 工序要点：将标牌的上、下边车缝在腰头上面，标牌位置准确，线迹平直	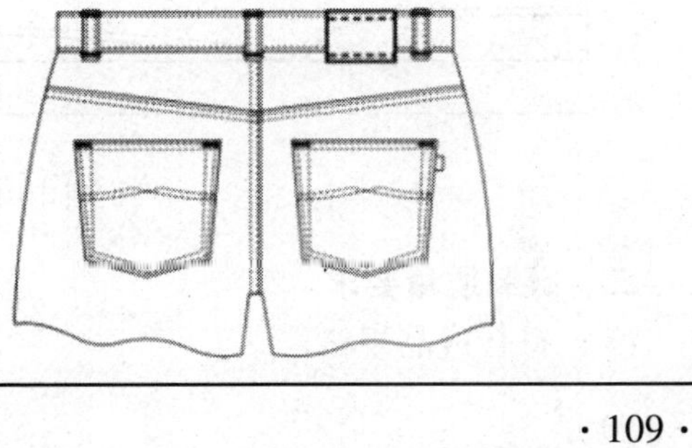

模块三　男西裤缝制

男西裤款式特征：装腰头，串带袢七根，前开门，门襟拉链，前裤片反裥左右各两个，侧缝斜插袋左右各一只，后裤片收省左右各两个，双嵌线开袋左右各一只，平脚口（见图 4—7）。

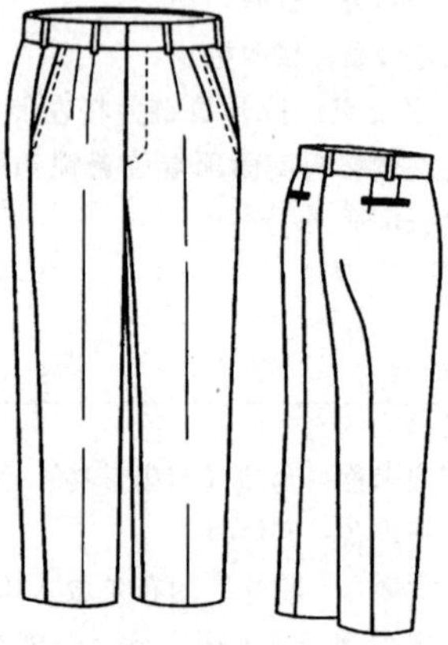

图 4—7　男西裤外形图

一、排料与裁剪

男西裤的裁片有：腰头、前片和后片。如图 4—8 所示，细线表示的是净样板，在其基础上加放出加工工艺所要求的缝头及贴边，一般脚口放缝 3 ~ 4 cm，后中 1.5 cm，其余的缝头均为 1 cm。外轮廓线表示的是实际裁剪的毛样。图中“→”表示直纱方向，裁剪时要按照纱向要求排料、下料，遇到条格面料时要注意左右对称和恰当对格对条。有倒顺毛的面料，要一顺排料。

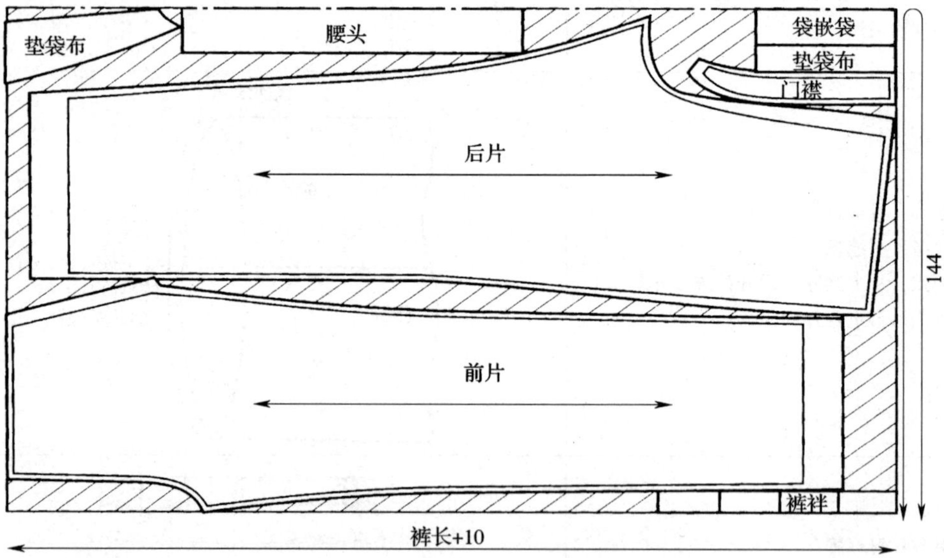

图 4—8　男西裤排料图

二、缝制质量要求

（1）符合成品规格。

（2）外形美观，内外无线头、粉渍。
（3）门里襟缉线顺直，串带袢整齐，无歪斜，左右对称。
（4）做装腰头顺直，表袋口平服，袋四角方正，袋角无裥、无毛出。
（5）侧袋、后袋平服。

三、缝制工序

男西裤制作工序如图 4—9 所示。

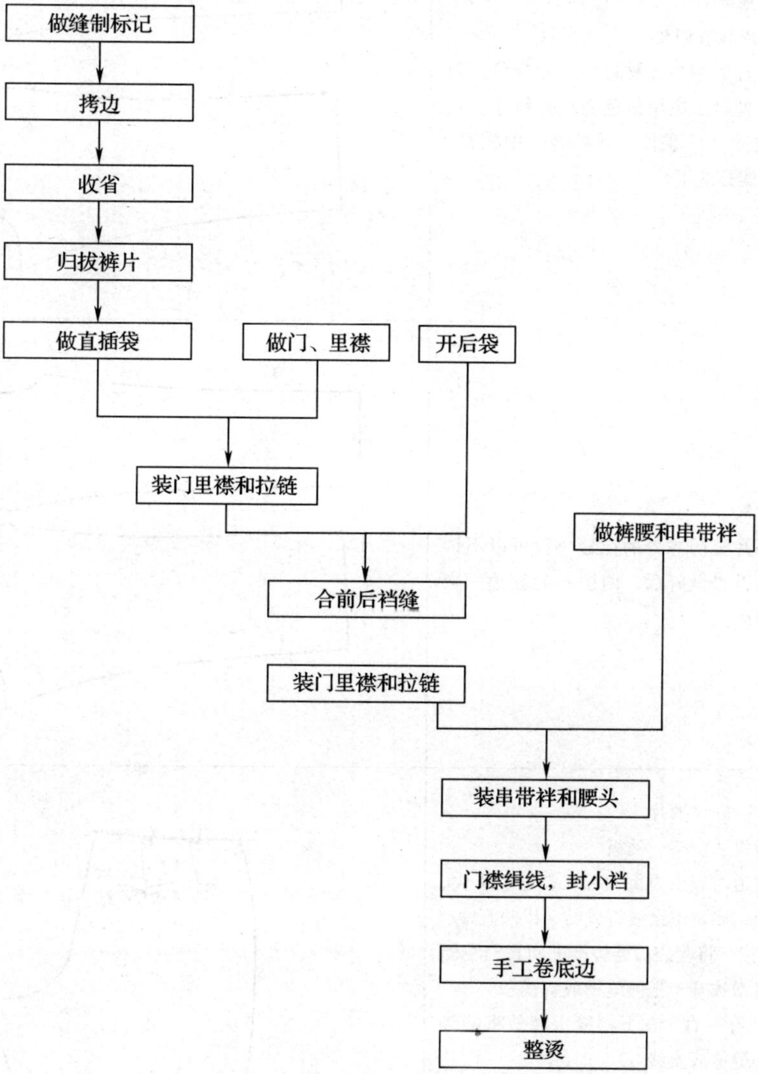

图 4—9　男西裤制作工序

四、缝制方法及要领（见表4—3）

表4—3 男西裤缝制方法

缝制方法	图 示
工序名称：做缝制标记 工序设备：白色棉线或划粉 工序要点：在前片的裥位、烫迹线、侧袋位、封小裆高、中裆高和脚口贴边用白色棉线打线丁。在后片的省位、烫迹线、后袋位、后裆缝、中裆高、脚口贴边用白色棉线打线丁	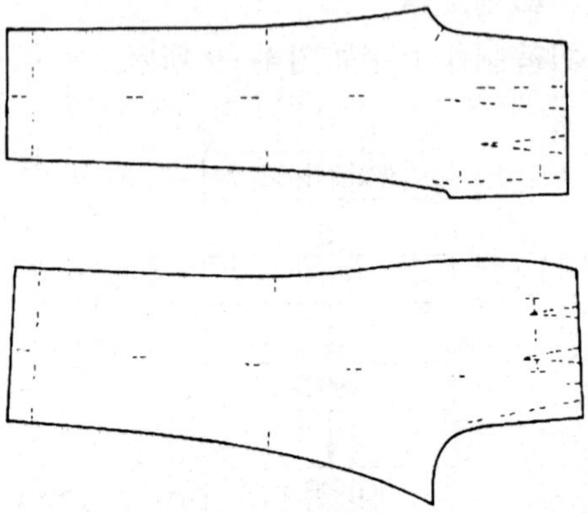
工序名称：锁边 工序设备：锁边机 工序要点：前裤片装门襟处的裆缝一段可以不锁边，以减少厚度。里襟做好后，两层一起锁边。腰里全部包光，不锁边	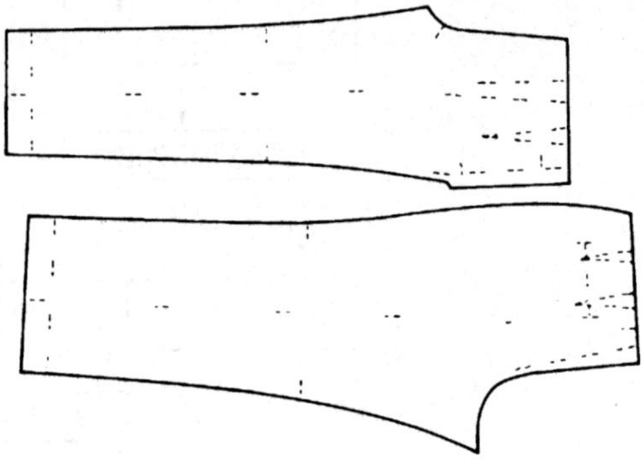
工序名称：收省、归拔裤片 工序设备：平缝机、熨斗、烫板 工序要点：缉省道时起点要倒回针，省道要缉尖，尖端处不要倒回针，要留出余线打成结，以防开线 （1）前裤片归拔。将侧袋口胖势推进归直。在侧缝中裆处将凹势略微拔开，把侧缝烫成直线 将前裆缝胖势推进归直，在下裆缝中裆处将凹势略微拔开，把下裆缝烫成直线 在中裆拔开的同时，在烫迹线相应部位，即膝盖处适当归拔，这样可使烫迹保持挺直	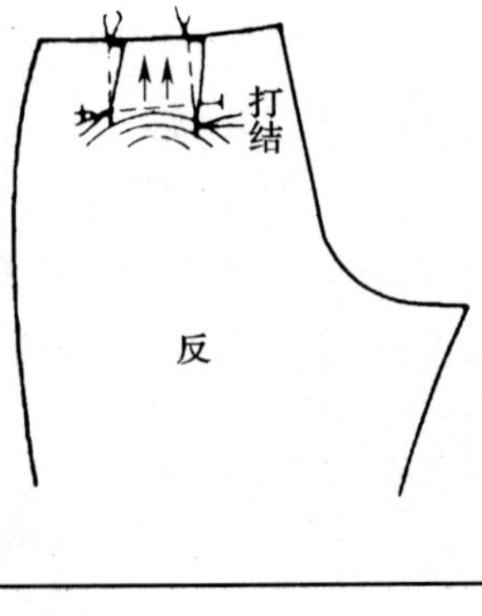

缝制方法	图　示
平面造型中如有脚口凹势，则要将脚口贴边凹势拔开 将前后裥按线钉标记，在正面盖水布喷水烫平 以烫迹线线钉标记为界，将下裆缝侧缝折叠平齐，在裤片正面盖水布，喷水烫平烫迹线。按归拔要求折烫 （2）后裤片归拔。收省后，裤片反面省缝均朝后裆缝烫倒，并把省尖胖势向腰口方向推匀，袋口位横丝呈上拱形 后缝中段略归拢，形成臀部胖势。后窿门横丝绺处拔开，后窿门以下 10 cm 要归拢。中裆部位上、下用力拢烫。中裆里口归拢，归至烫迹线。中裆以下略归，使小腿部位略呈胖势。平面造型脚口如有低落，则要将其归直 侧袋口胖势归直至臀部。中裆凹势略拔开。中裆里口归拢至烫迹线。中裆以下略归，使小腿部位略呈胖势 以烫迹线标记为界，将下裆缝侧缝折叠对齐，在裤片反面按归拔要求折烫	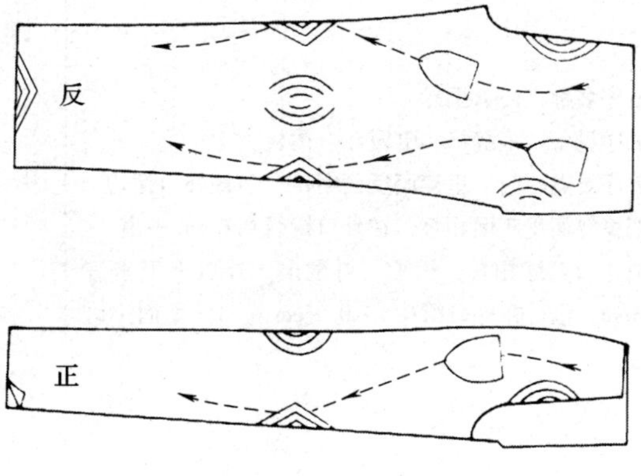
工序名称：做零部件 工序设备：平缝机、电熨斗、烫板 工序要点：正面对折，串带袢宽 0.8 cm，缉缝头 0.3 ~0.35 cm，并将缝头分开烫平 将正面翻出，缝头居中，沿两边各缉 0.1 cm 止口一道	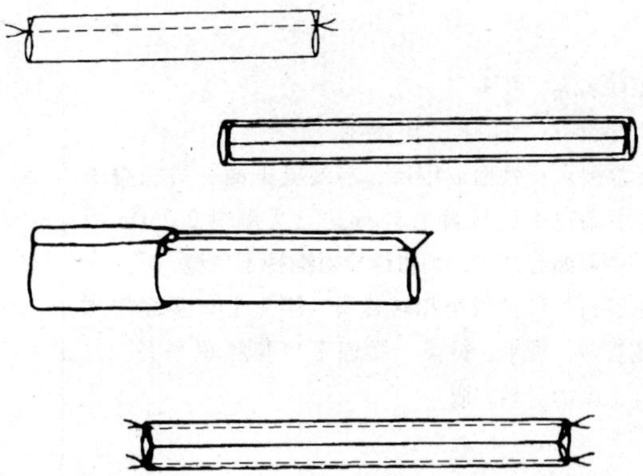

缝制方法	图　示
工序名称：门、里襟 工序设备：平缝机、电熨斗、烫板 工序要点：门、里襟面反面粘衬，门襟外口拷边 把里襟面里正面相叠，在外口缉线 0.6 cm 一道 把止口毛缝扣转、烫平，再翻出，外口夹里坐进 0.1 cm，也可在外口缉 0.1 ~0.2 cm 止口。里面一边拷边	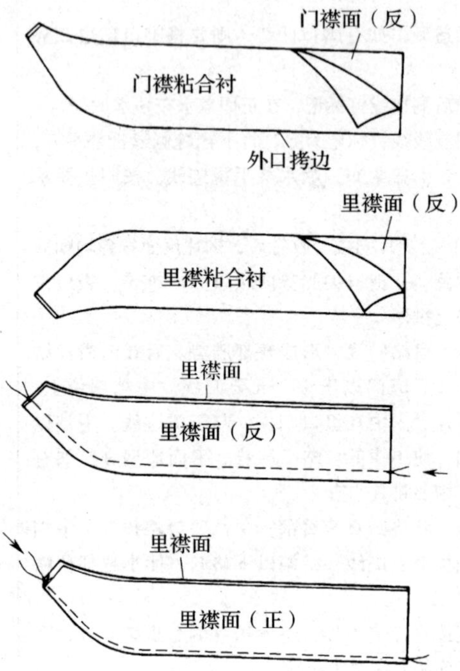
工序名称：腰头 工序设备：平缝机、电熨斗、烫板 工序要点：腰面放中层，与腰里正面一边相叠平齐，并盖过下层腰衬 1.5 cm。三层搭缉 0.7 cm 一道。腰面如有拼接，则拼缝应对准裤子后缝 在腰衬下口把腰里扣转烫平。腰头上口腰面按腰衬宽折转，烫平、烫煞。腰面下口与腰里平齐，并做好上腰的对裆刀眼	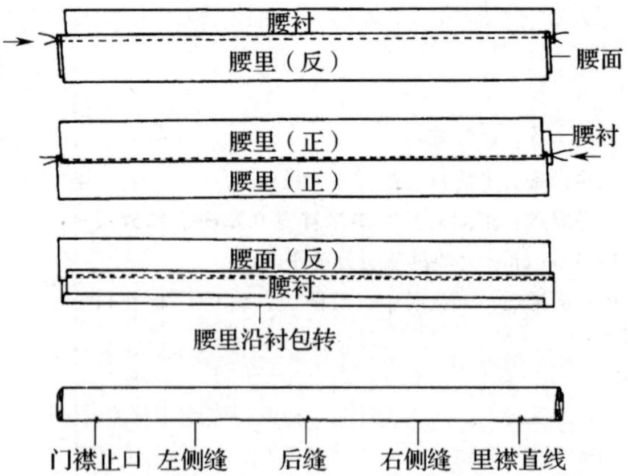

续表

缝制方法	图　示
工序名称：开后袋 工序设备：平缝机、剪刀、镊子、电熨斗、烫板 工序要点： （1）开袋位粘衬。在后裤片反面袋位处粘上粘衬，如开一只后袋，则开在右后裤片	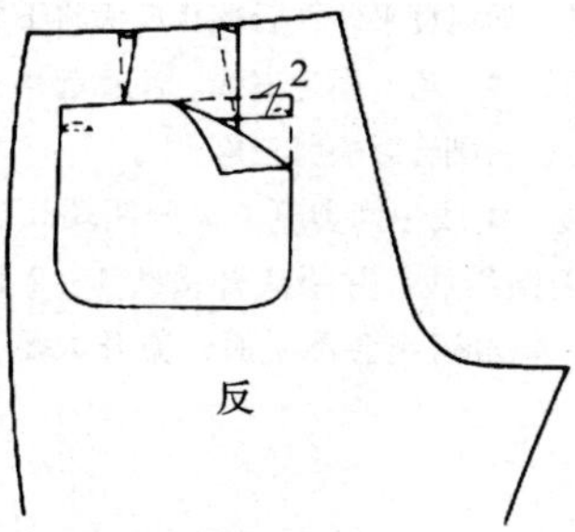
（2）固定下袋布（小）。在后裤片反面，把下袋布伸出袋口线上 2 cm，袋布两端进出距离一致，用大头针固定或用长针距缉线固定。注意袋布斜垫与裤片腰口起翘斜势相符	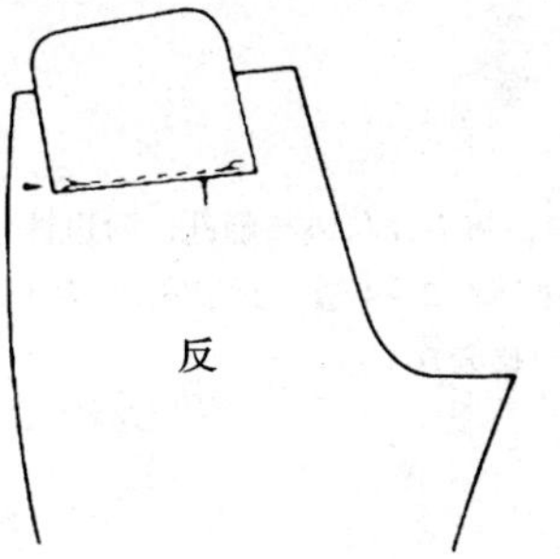
（3）缉袋嵌线、袋垫布。嵌线一边粘上粘衬，粘衬一边与后裤片正面相叠，与袋上口位置放齐，左右居中，离开袋上口 0.8 cm 缉线一道。因省缝上大下小，故缉下嵌线时要比缉袋垫略带紧，使袋角上下丝绺一致，袋角才能方正	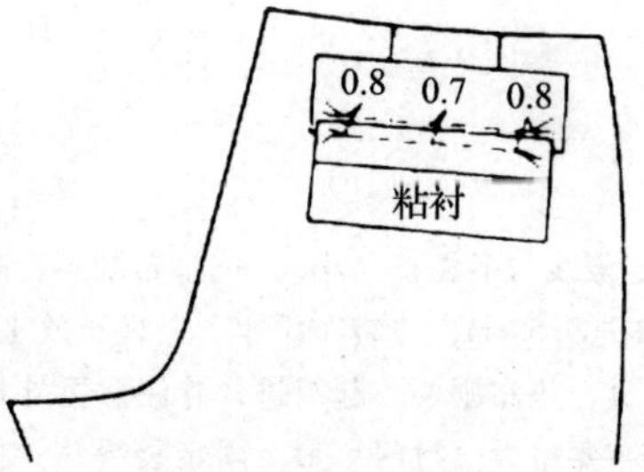
（4）袋垫与后裤片正面相叠，一边塞进嵌线的 0. 8 cm 缝头下面，与嵌线缉线平齐。沿嵌线边缉线一道，两缉线距离为缝头下面两头 0. 8 cm，与嵌线缉线平齐。然后沿嵌线边缉线一道，两缉线距离为两头 0. 8 cm、中间 0. 7 cm，以免嵌线袋口割口。缉线时注意上、下层松紧一致，缉线两端与袋位两端位置相符，前后袋口丝绺要直，否则在翻出时不方正	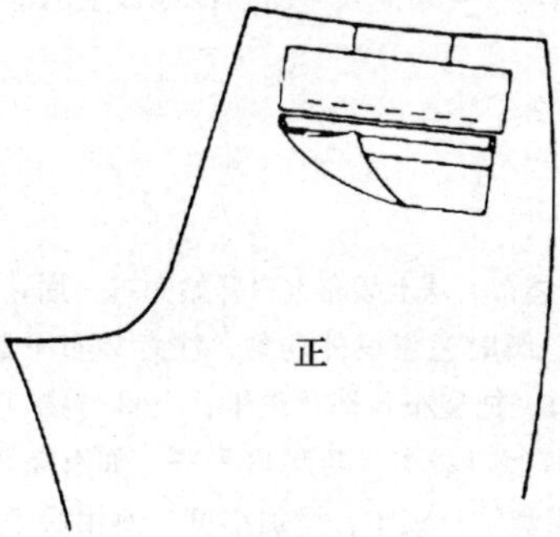

缝制方法	图示

（5）固定嵌线。将嵌线与后裤片分缝折转0.8 cm，嵌线宽窄要一致，然后烫平。在后裤片反面将下袋布翻起，在袋布边缉线一道，固定嵌线。注意起落针离进袋口两端一针，否则会影响剪三角

开袋口，沿袋口缉线中间剪开，离开两端0.6 cm剪三角，不能剪断缉线，并要离开缉线1～2根丝绺。离开太多，袋角褶裥会不平服；剪开太足，会产生袋角毛出

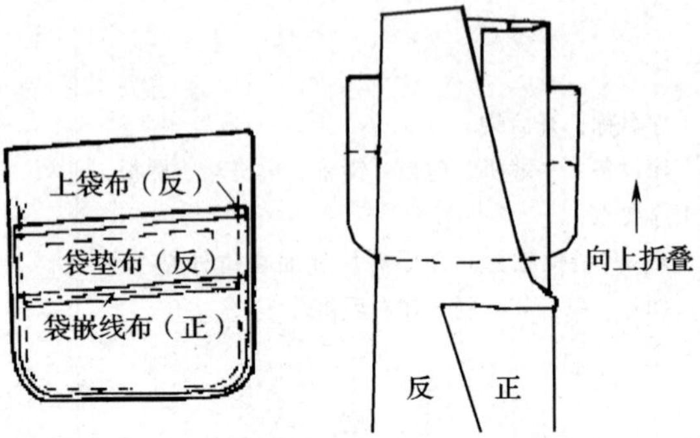

（6）封三角。将嵌线与垫布翻进，两边裤片、袋布翻起三角，来回针3～4道。封三角时嵌线要放方正，在前袋上口略紧0.1 cm

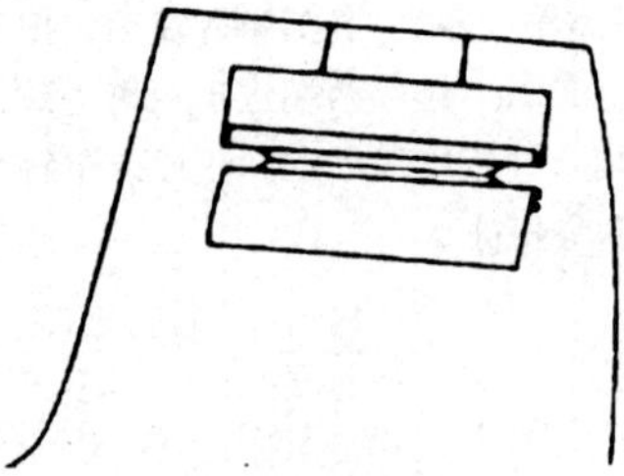

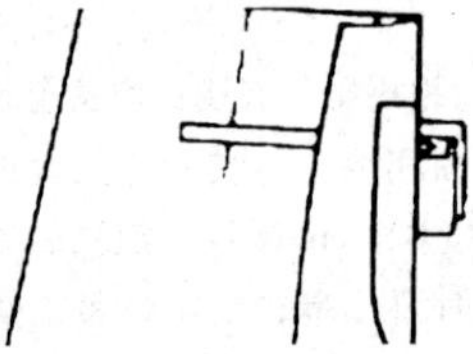

（7）固定嵌线与下袋布（小）。把垫布翻开，嵌线比袋布修进0.5 cm，与袋布缉牢。上袋布放上，嵌线不能缉进，垫布则要一起缉进，并注意里外均匀，即上袋布要略大。封门字形，固定袋垫片。将袋布第一道缉线缝头修成0.3 cm，缉线以上的上袋布

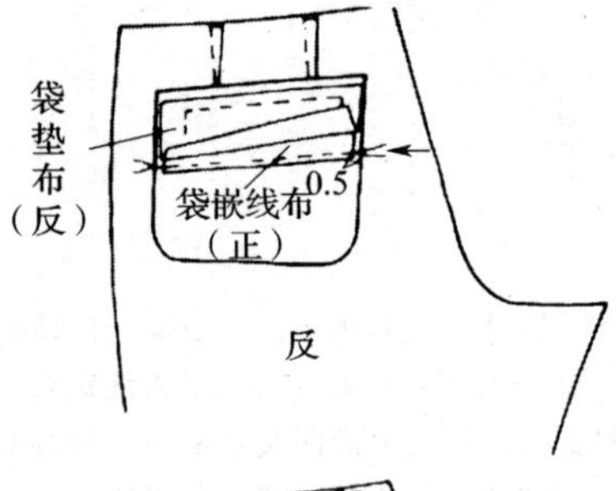

（8）兜缉袋布。从上袋布上口开始兜缉一周，缉线宽0.5 cm。缉时注意里外均匀，注意袋布平服。固定袋布上口，把袋布与裤片放平，上口与腰口缉线固定，修剪上口袋布，与腰口平齐。如有条件，袋口两端可用套结机锁牢，增加牢度，使用后不易毛口

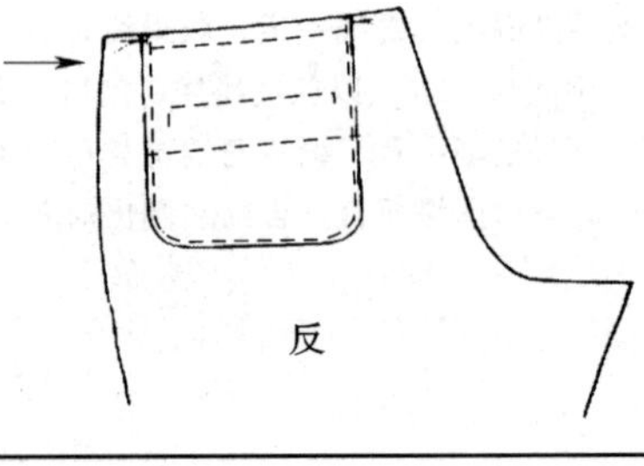

缝制方法	图　　示
工序名称：缝合侧缝、装侧缝直袋 工序设备：平缝机、电熨斗、烫板、剪刀、镊子 工序要点：后裤片侧缝的脚口、腰口、中裆对齐后，缉 0.8 cm 缝头。侧缝在中裆以下部位要平齐，缉线顺直，中裆以上归拔部位要防止伸开或皱拢。缉线后，侧缝分开烫平，同时将脚口贴边折转烫平	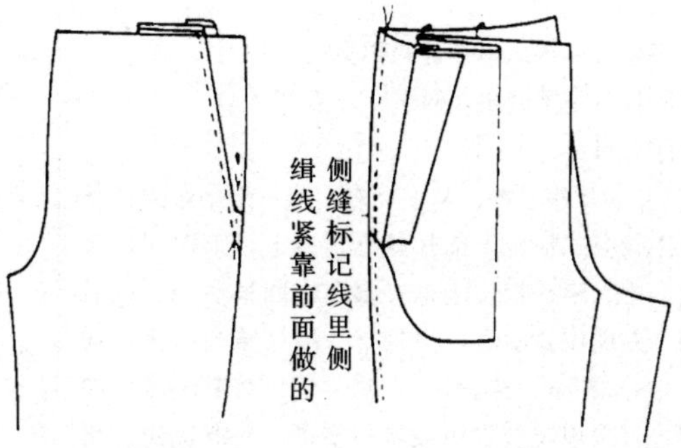
工序名称：缝合前后裆缝、装门里襟和拉链 工序设备：平缝机、剪刀、镊子 工序要点： （1）装门襟。将门襟贴边正面与左前裤片门襟正面相叠，缉线 0.6～0.7 cm。缝头向门襟贴边方向坐倒，压缉 0.1 cm 止口。将门襟贴边翻进，门襟止口贴边坐进 0.1 cm，喷水烫煞 （2）缝合前后裆缝。将左右两格裤片裆缝对齐，拉链下端铁封口以下 0.5 cm 为小裆封口位置，向后缝方向缉线 0.8 cm。注意十字缝对齐，后缝缝头根据规格要求，后裆弯度部位拉紧、拉直、缉顺 （3）装拉链。将右面拉链的反面与里襟正面相叠，平齐拷边里口，离开拉链布边 0.3 cm 缉线，将拉链固定在里襟上。装门襟拉链，将拉链拉合，门襟止口盖过里襟处缉线，上口 0.3 cm，下口 0.1 cm，用线固定	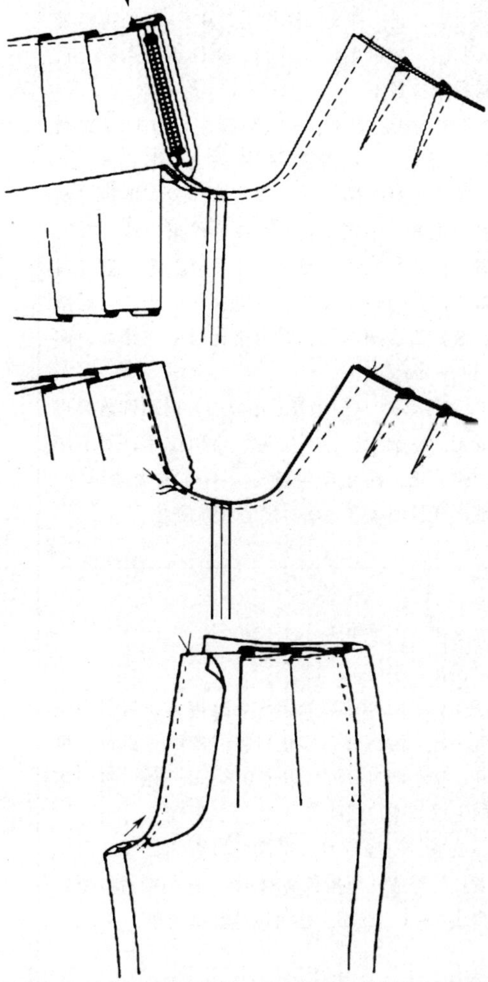

缝制方法	图　示
工序名称：装压串带袢和腰头 工序设备：平缝机、镊子 工序要点： （1）装压串带袢。从左到右，第一根串带袢位于前裥上，第二根位于前片侧缝止口上，第四根位于后缝居中，第三根位于第二根和第四根中间，以后三根与左面位置对称。串带袢一端与腰口平齐，向下1.6～1.8 cm，来回4～5道缉线，将其封牢。串带袢也可按规定位置边装腰边塞进，一起固定，再坐下0.8～1 cm，来回针封牢。压串带袢时将串带袢向上翻平、放正，在离开裤腰上口0.6 cm处将串带袢缝子折转，压缉0.1 cm止口，来回缉线4～5道，将串带袢上口封牢 （2）装腰头。前平、中（侧缝左、右1 cm）微松、后（臀部上口）稍紧，使腰头上口顺直、前后平服。腰头里襟一端装好四件扣裤袢后，再封口翻转。裤袢位置居中在腰面，平齐里襟里口线，在安装位置反面垫好衬头。腰头门襟一端，将夹里和衬头修成与门襟止口平齐，上口留腰面缝头，同样垫衬头，装好四件扣裤钩。裤钩位置居中在腰面，离开止口0.8 cm左右 （3）压脚头。从门襟开始向里襟方向用别落缝将夹里固定。压腰头时，下层夹里要稍拉紧，面子用镊子钳推一把，防止产生涟形。不可将腰面缉牢，也不能离开腰面太开，反面腰里余势顺直	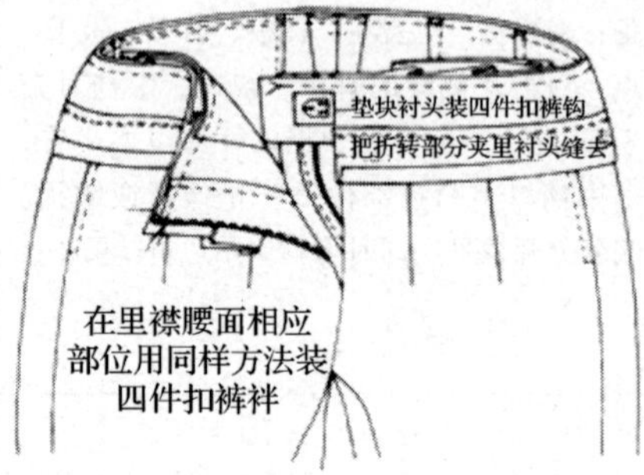 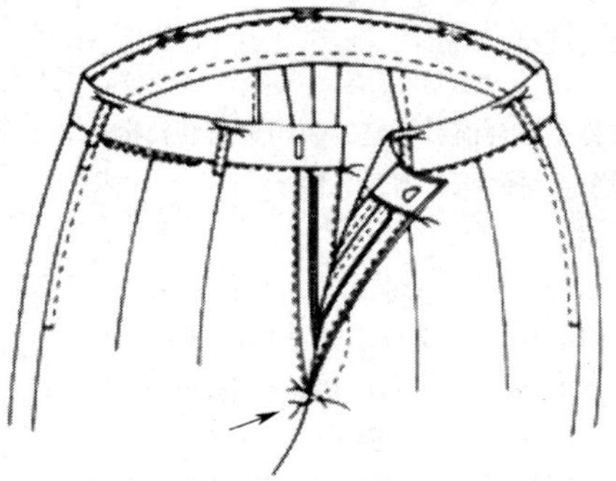
工序名称：门襟缉线、封小裆 工序设备：平缝机、镊子 工序要点：门襟贴边处腰头毛缝折光，与门襟贴边宽度平齐，沿裤片门襟止口将门襟贴边翻进，里襟拉开，从小裆封口位置以下0.8 cm开始，按门襟造型向上缉至腰口或腰节 里襟放平，门襟略盖过里襟里口直线，校准门里襟长度，门襟应比里襟长0.15 cm。在小裆封口位置来回缉线4～5道封牢，也可以打套结封牢	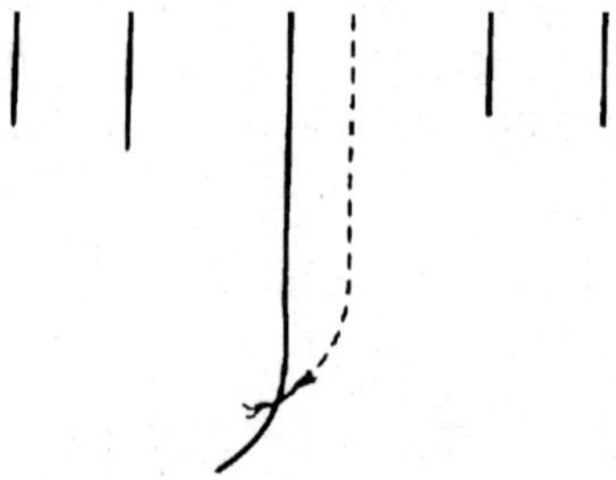

续表

缝制方法	图　示
工序名称：卷底边 工序设备：平缝机、卷边器、手缝针 工序要点：沿着贴边线钉把底边扣烫圆顺，用手针塞缝临时固定，然后用三角针缝好。遇到较薄的面料底边未包缝时，可以卷边直接缉明线或卷边缉线之后再缝三角针	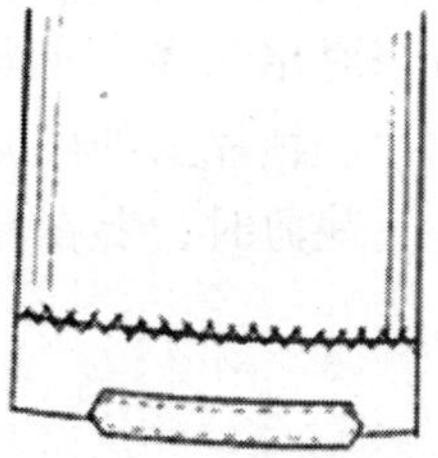
工序名称：整烫 工序设备：电熨斗、烫板 工序要点：在裤子口反面将横裆以下与四个缝重新熨烫定型。烫下裆缝时，要将裤缝拉紧，以防下裆吊紧 将裤子摆平，挺缝靠身，左右两裤筒对叠，侧缝与下裆缝重合对准。将上层裤筒掀起叠好，由下层裤筒心内侧开始，盖上水布喷水熨烫。前挺缝上端与第一褶之间连接横裆要烫平服，不能翘起，后臀部腰推立，横裆烫平服，裤口部压实。另一裤筒同样方法熨烫	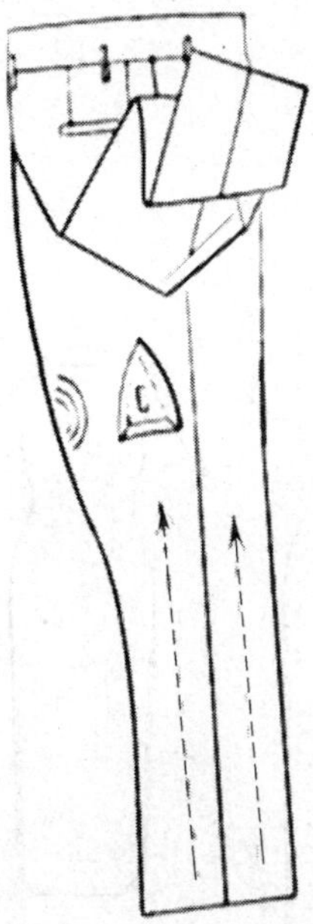

模块四　旗 袍 缝 制

旗袍的设计，构思巧妙、结构严谨，采用高立领、偏襟结构，腰部较合体，两侧开衩，不仅能充分展示人体曲线美，而且行动方便。旗袍面料多采用真丝绸缎、绒料及棉麻织物，素色及各种花色均可（见图4—10）。

一、排料与裁剪

旗袍的裁片有：前片、后片、前片里襟、袖片、领子。如图 4—11 所示，细线表示的是净样板，在其基础上加放出加工工艺所要求的缝头及贴边。外轮廓线表示的是实际裁剪的毛样。图中“→”表示直纱方向，裁剪时要按照纱向要求排料、下料，遇到条格面料时要注意左右对称和恰当对格对条。如果是有倒顺毛的面料，则要一顺排料，确定衣料图案的方向，使衣片、袖片、领片上的图案方向一致；裁剪丝绒面料时，注意使各衣片毛绒倒向一致，以免有色差。裁剪时，要在轮廓线外加适当的缝份和贴边。

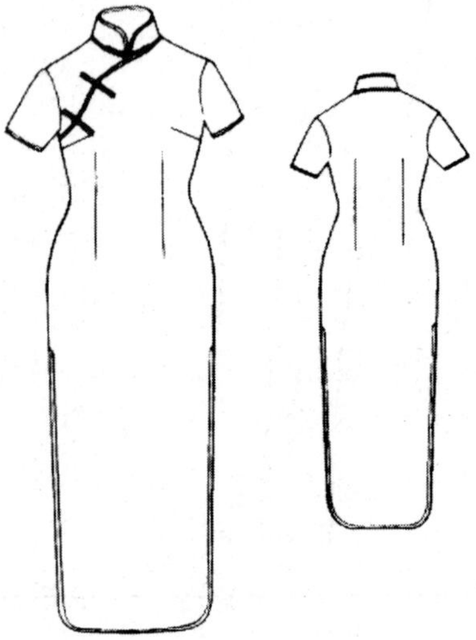

图 4—10　旗袍外形图

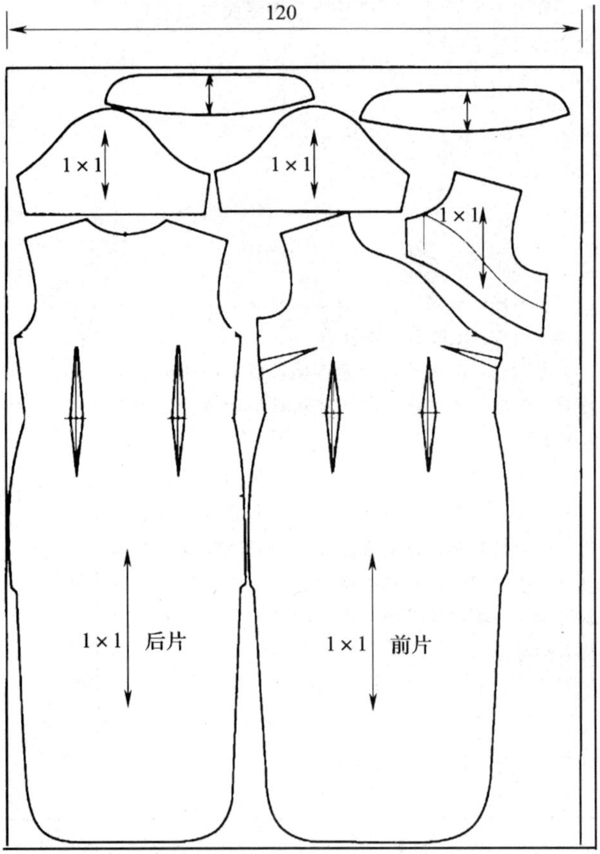

图 4—11　旗袍排料图

二、缝制质量要求

（1）外形美观，各部位符合成品规格要求。

（2）两领头平整、圆顺、对称，装领两端平齐、无歪斜。

（3）胸部饱满，吸腰正确，摆缝顺直，拉链不外露。

（4）滚边顺直平服、宽窄一致。

（5）钉纽扣位置正确，盘花左右对称、牢固，无歪斜，无毛露。
（6）肩缝顺直，装袖圆顺，左右对称。
（7）开衩顺直、长短一致、不豁不搅。
（8）外观整洁，熨烫平服，无极光，无水印。

三、缝制工序

旗袍缝制工艺流程如图 4—12 所示。

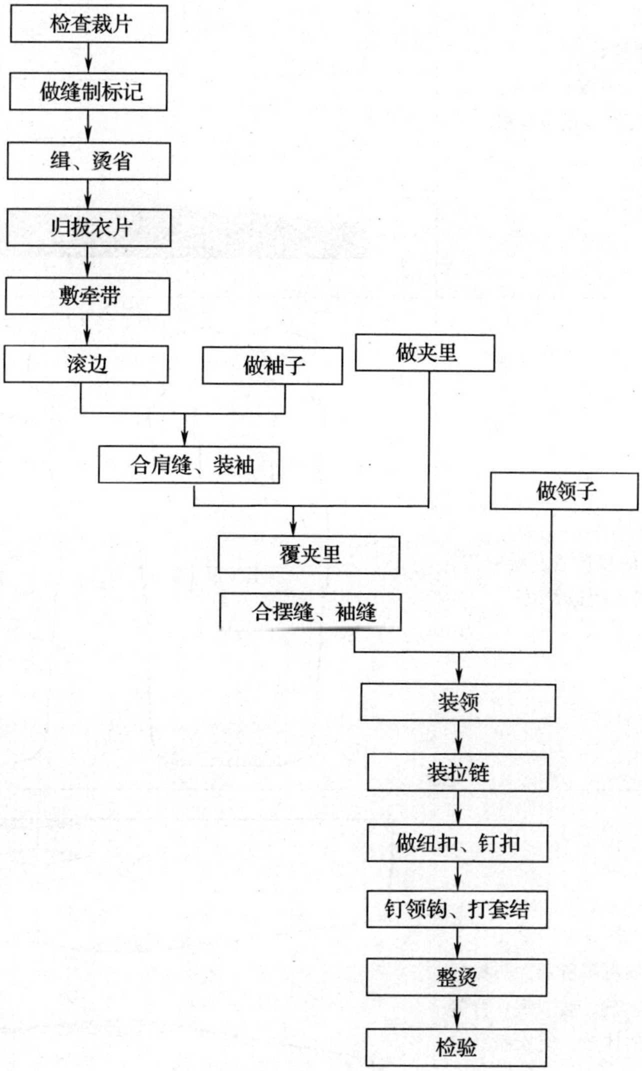

图 4—12　旗袍缝制工艺流程

四、缝制方法及要领（见表 4—4）

表 4—4 **旗袍缝制方法**

缝制方法	图　示
工序名称：做缝制标记 工序设备：工作台、手缝针 工序要点：定位（打线钉或打粉印）；在衣片的省道、缝口和褶边等位置用画粉；画位打线钉，作为缝制标记	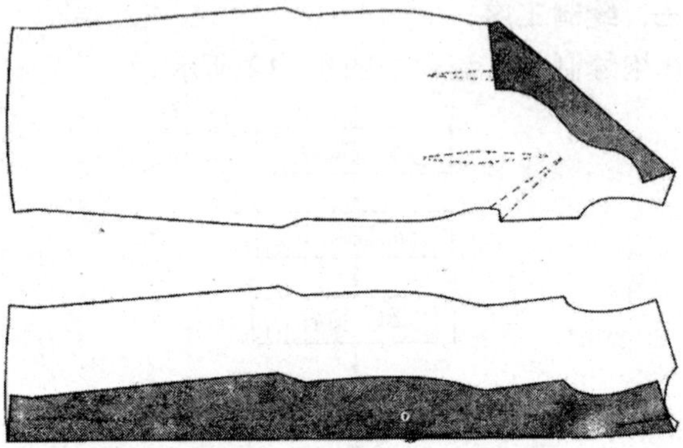
工序名称：缉、烫省 工序设备：电熨斗、烫台 工序要点：缉前衣片的横胸省、腰胁省，后衣片的后肩省、后腰省；熨烫省道	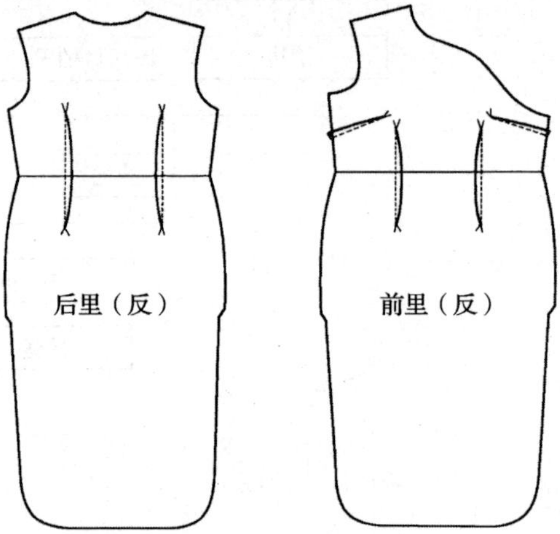
工序名称：归拔衣片 工序设备：电熨斗、烫台 工序要点：归拔部位如右图所示，归拔的目的是要使前、后衣片的胸、腰、臀、背等各部位的曲线符合人体的体形，使衣服穿起来更贴服美观	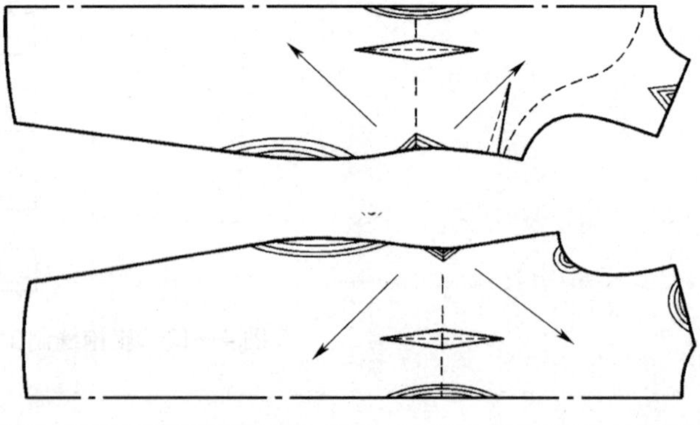

缝制方法	图　示
工序名称：敷牵带 工序设备：电熨斗、烫台 工序要点：前、后衣片贴牵条，使归拔好的衣片外形曲线定型	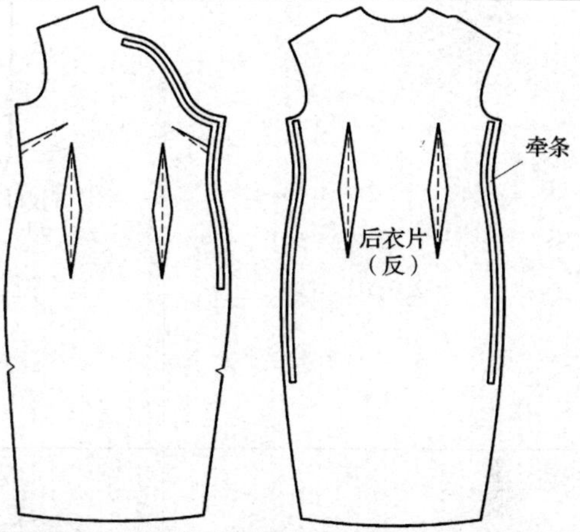
工序名称：滚边 工序设备：缝纫机 工序要点：滚边布按宽度方向对折，烫平。滚边布与开衩部位对齐，0.4 cm缝份。圆角部位滚边布要留一定的吃势量，里片剪口以上部分不缝；修剪缝份，使之均匀一致。翻折滚边布，在面料滚边折痕处缉“明线”，或在里片手针缲缝滚边布	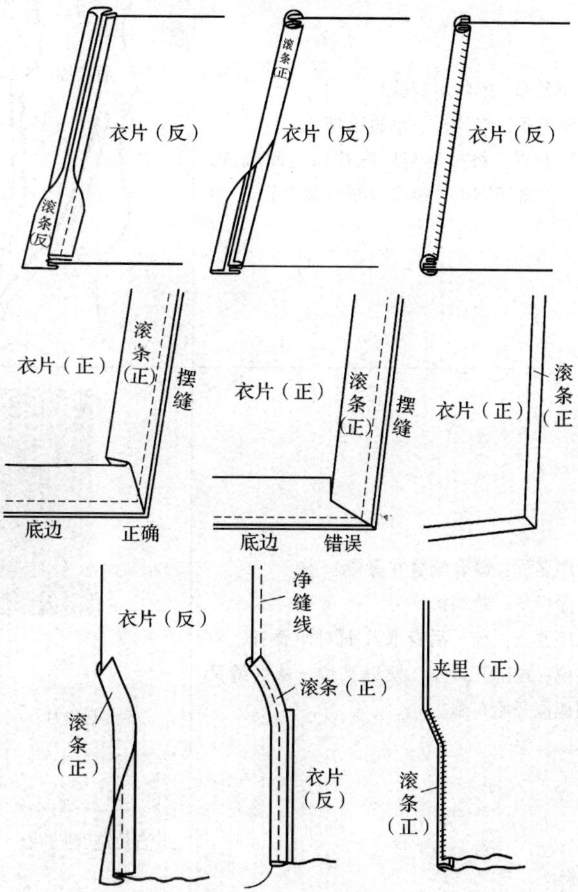

缝制方法	图　示
	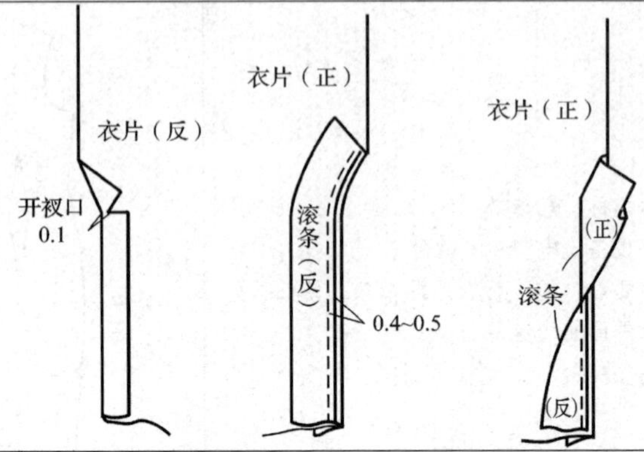
工序名称：绱隐形拉链 工序设备：缝纫机、单边压脚 工序要点：将拉链与后衣片面对面放齐，用隐形拉链压脚把拉链缝合在后衣片上	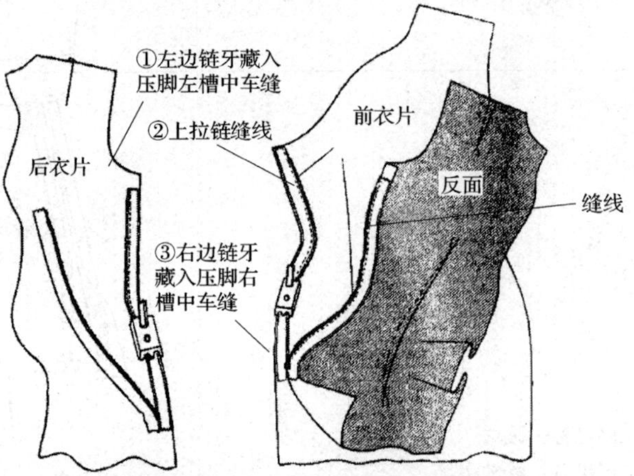
工序名称：缝合侧缝并劈烫 工序设备：缝纫机 工序要点：前、后身衣片面对面叠齐，对齐腰位；拉链开口位、摆缝叉位，从摆缝叉位的扼位开始车缝	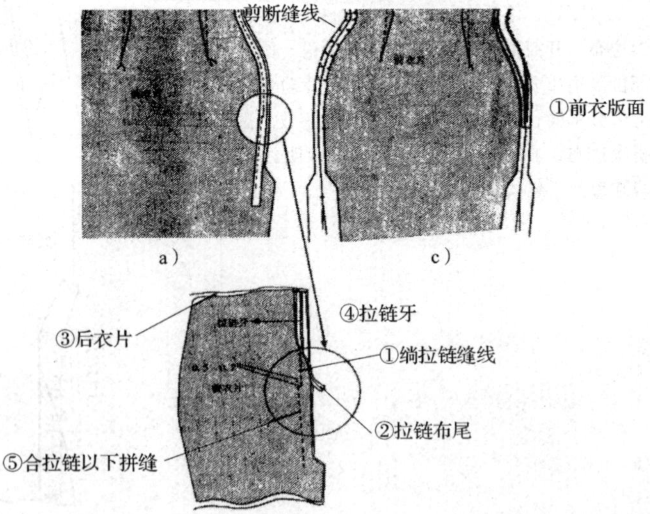

缝制方法	图　　示
工序名称：合大襟贴边与折烫 工序设备：缝纫机、电熨斗 工序要点：大襟贴边裁剪成直纹或横纹，以便控制大襟弯位不易变形；将前衣片门襟与襟贴边面对面，摆平对齐，然后在前中位开始沿大襟边缉缝	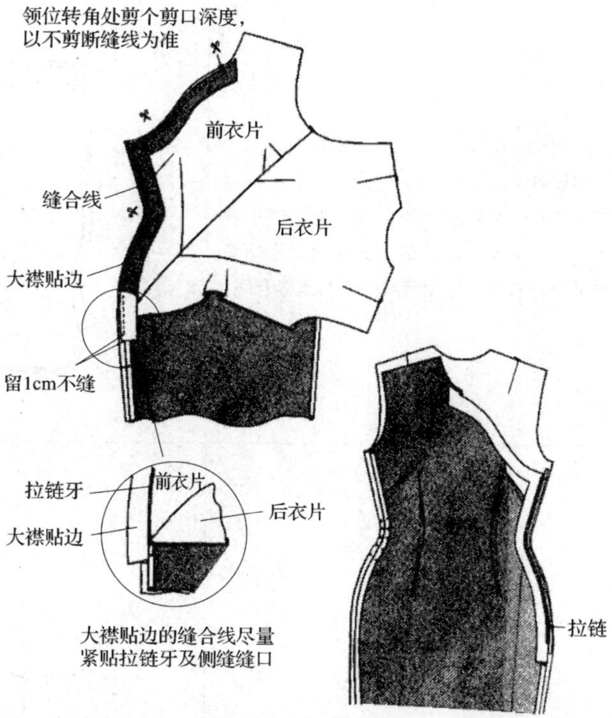
工序名称：缝制底襟 工序设备：缝纫机、电熨斗 工序要点：缉面里料、底襟、省道及折烫，缝合及翻烫面、里底襟	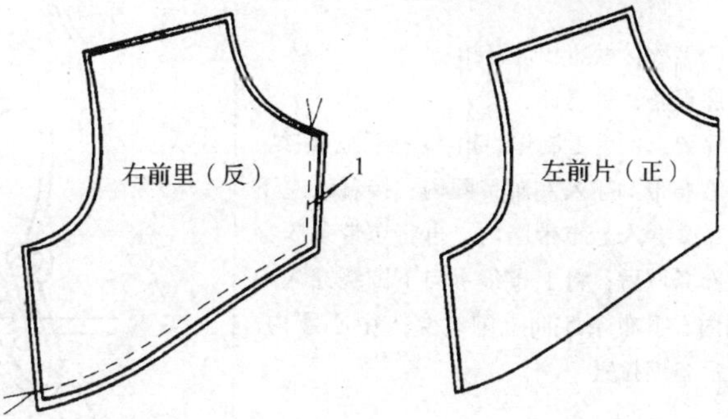
工序名称：做领 工序设备：缝纫机 工序要点：将一片无缝份的实样树脂领衬放在丝绸粘合领衬的面上（即没有粘胶的一面），沿着树脂领衬边内车缝线，将树脂领衬与丝绸粘合领衬缝合一起	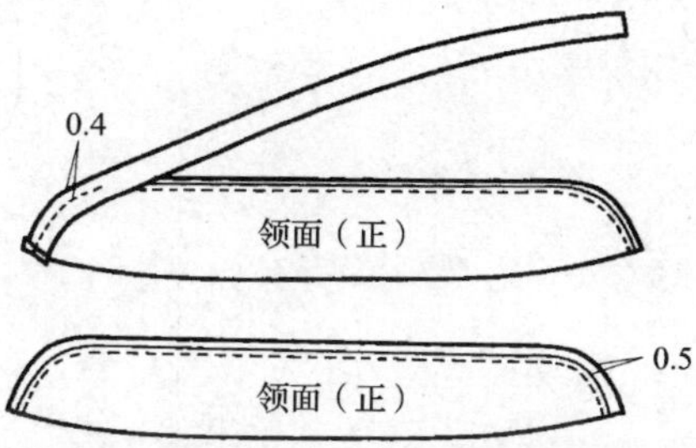

<table>
<tr><th>缝制方法</th><th>图　示</th></tr>
<tr><td>工序名称：装领
工序设备：缝纫机
工序要点：面领衣片的正面向上，领子放在衣片上，领面与衣片的正面相对，将领面的领下口与双层衣片领窝对齐，缉道缝合线</td><td>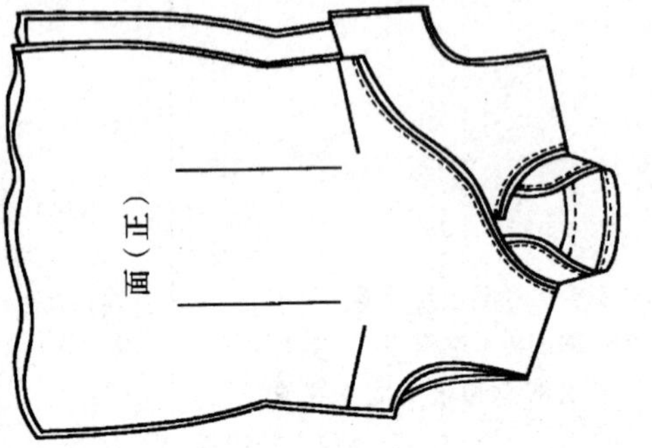
</td></tr>
<tr><td>工序名称：做纽扣、钉扣
工序设备：手缝针
工序要点：手工制作。扣坨按照图示编结，先将右布带 1 穿入左布带圈内；接着将左下布条带 2 穿入上布带圈内；再将布带条 3 穿入上布条圈后；将上布条 4 向下围绕穿入中心圈内，下布条 5 向上围绕穿入中心圈内；穿入后盘缩拉紧</td><td>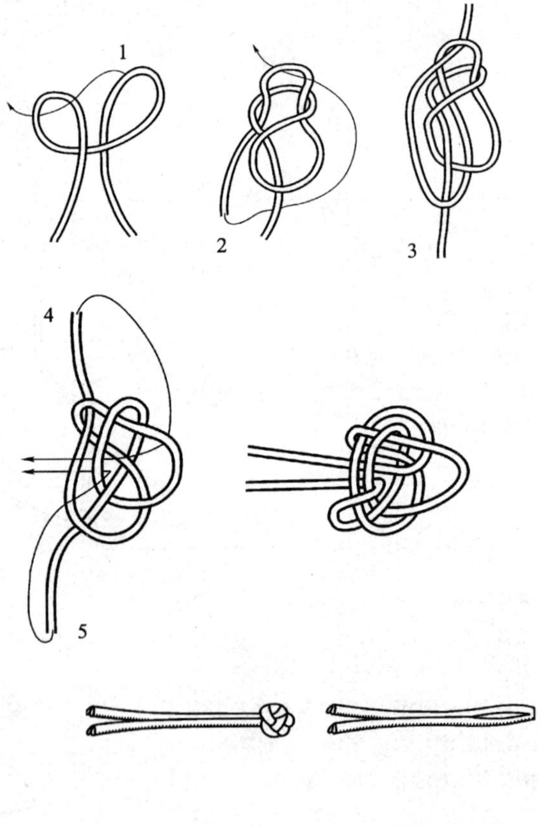
</td></tr>
</table>

缝制方法	图　　示
工序名称：钉领钩 工序设备：手缝针、套结机 工序要点：领钩一般用手缝针缝制，在做领子的时候缝制上去，也可以在领子做好后用暗缝缝制。用套结机打套结	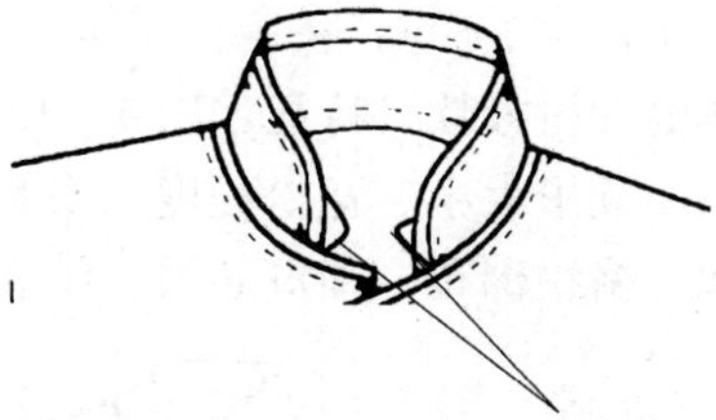 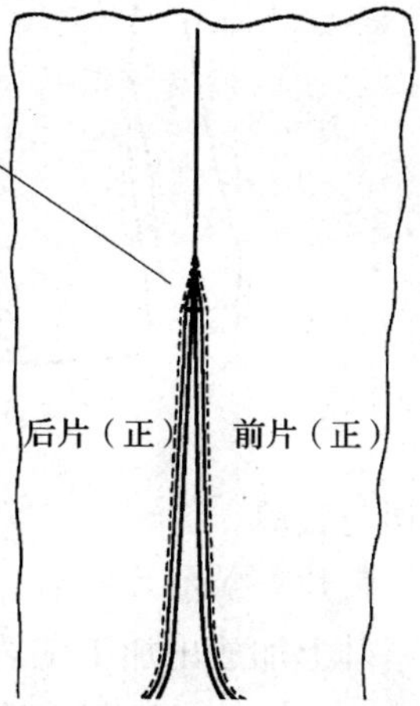
工序名称：整烫 工序设备：熨斗 工序要点：整烫前要把旗袍所有线头剪净，把手针固定线拆净。胸部、背部及臀部下摆处放在布馒头上整烫。不能有水迹、烫黄、烫焦现象。手针钉盘扣位置要准确，缝线松紧适宜。领口盘扣要钉在领口线上，其余盘扣要与偏襟止口垂直	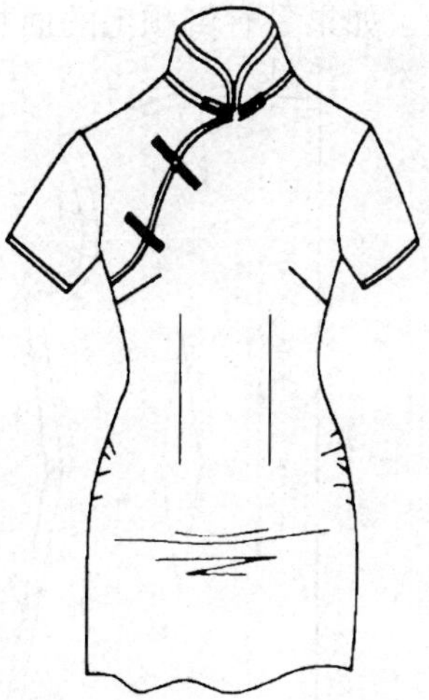

模块五　女衬衫缝制

较为经典的女衬衫款式特征如图 4—13 所示。前片收腋下省，小方领，下平摆，袖子装袖头、有褶裥。领子大小、宽松程度、身长、袖头宽等随流行和个人喜好有不同变化。该款式可选用真丝、格纹棉布、细灯芯绒、绒布、砂洗棉布等织物制作。

图 4—13　女衬衫外形图

一、排料与裁剪

女衬衫的裁片有：前片、后片、袖片、袖头、领子。如图 4—14 所示，细线表示的是净样板，在其基础上加放出加工工艺所要求的缝头及贴边，一般下摆放 2. 4 cm，后中不裁开，前片贴边为 7 cm 左右，其余的缝头均为 1 cm，外轮廓线表示的是实际裁剪的毛样。图中"→"表示直纱方向，裁剪时要按照纱向要求排料、下料，遇到条格面料时要注意左右对称和恰当对格对条。如果是有倒顺毛的面料，要一顺排料。

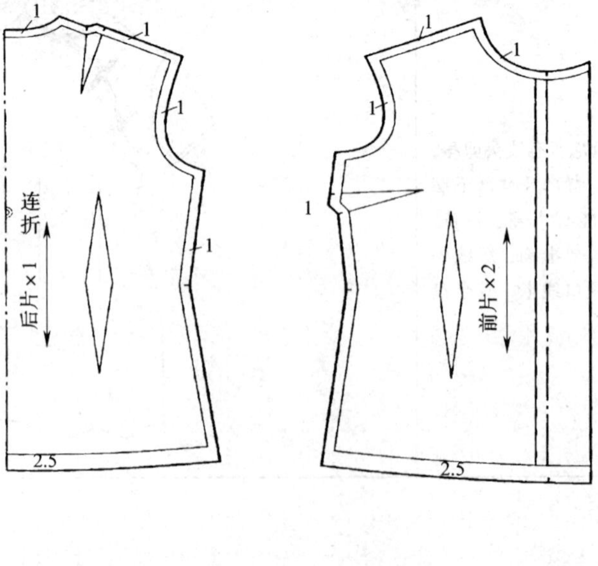

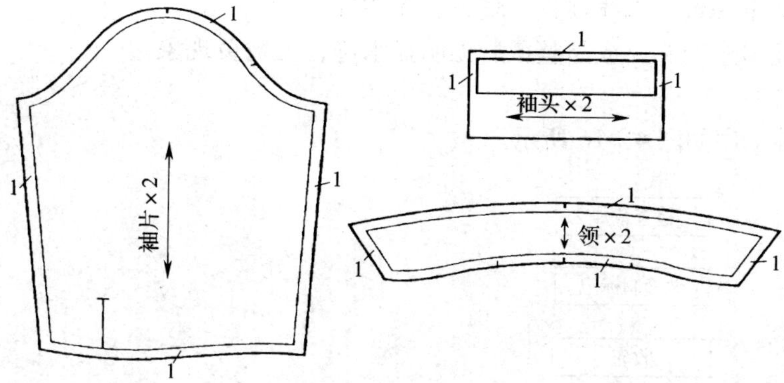

图 4—14　女衬衫裁片图

图 4—15 是 110 cm 横幅的面料排料图。

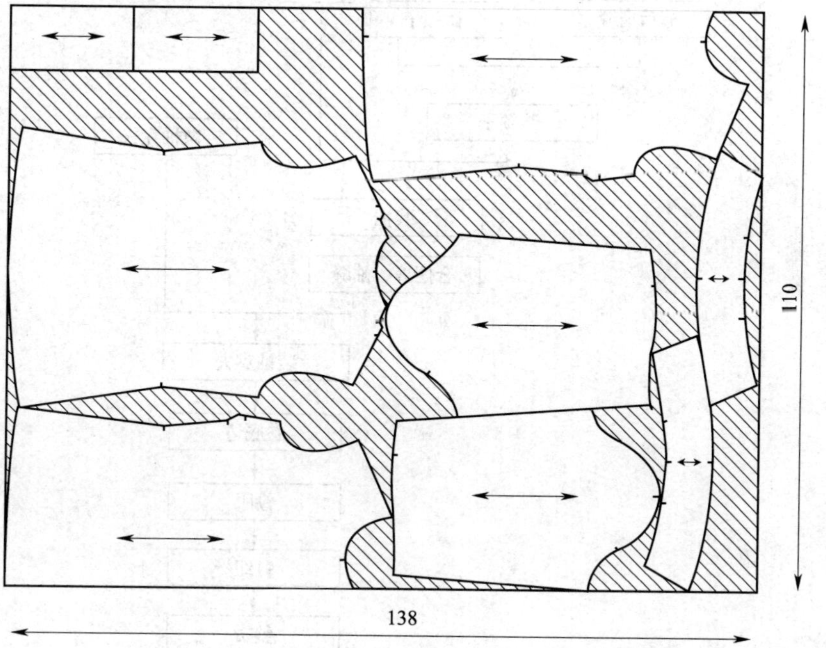

图 4—15　女衬衫排料图

二、缝制质量要求

（1）符合成品规格。

（2）缝制针距适当，线迹整齐美观，针距密度符合面料要求。

（3）衣领左右对称、长短一致，领面有窝势，面里松紧适宜。

(4) 装袖左右对称，袖口细裥均匀，袖克夫大小一致。

(5) 底边宽窄一致，缉线顺直、整齐，无跳针。

(6) 成品无多余线头，成品整烫后无明显水迹，无烫黄现象。

三、缝制工序

女衬衫缝制工序如图 4—16 所示。

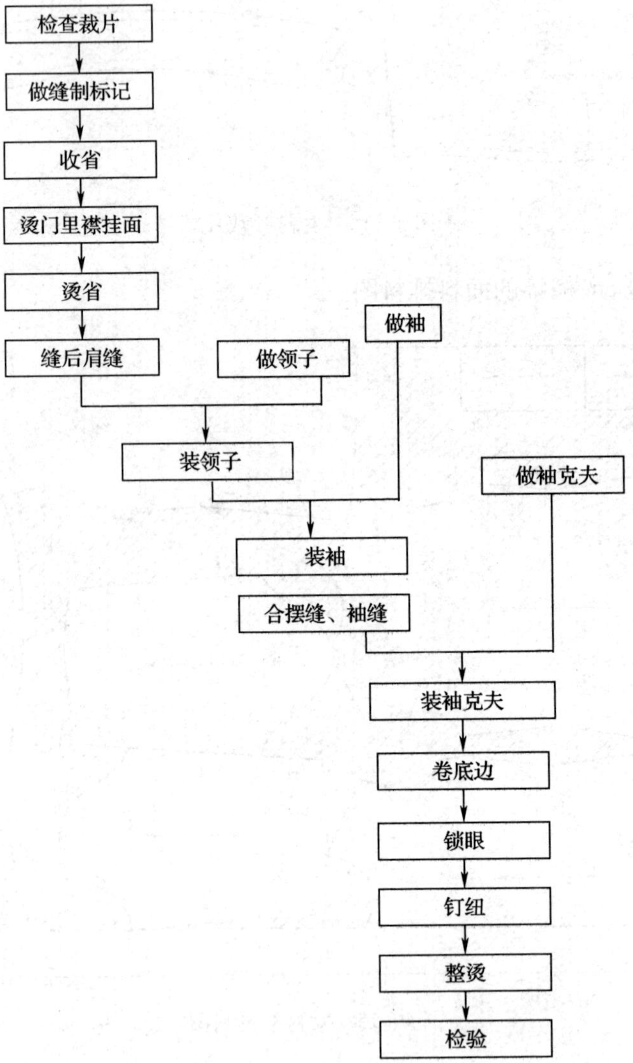

图 4—16　女衬衫缝制工序

四、缝制方法及要领（见表 4—5）

表 4—5　　　　女衬衫缝制方法

缝制方法	图　示
工序设备：剪刀、划粉 工序名称：做缝制标记 工序要点：单件制作一般剪刀做缝制标记，大批量生产则在裁剪车间裁剪时完成 前衣片：省位，挂面、叠门、底边贴边的宽度；后衣片：肩省，后领圈中心点，底边贴边的宽度；袖片：对肩眼刀	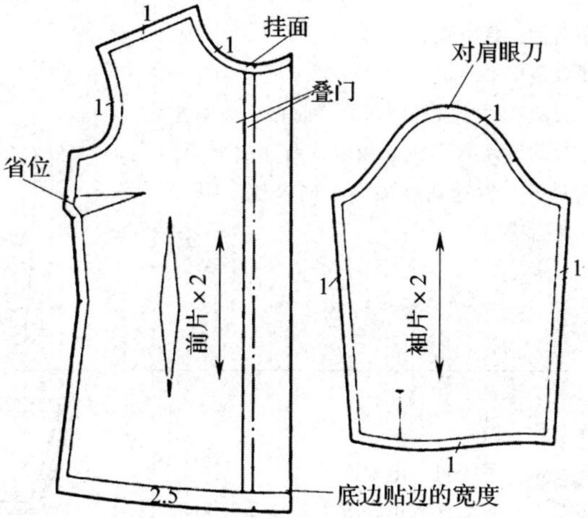
工序名称：收省 工序设备：平缝机 工序要点：缉胸省，后肩省要对准上、下层眼刀标记正面相叠。由于靠近领圈的一条省缝丝绺比较直，而靠近袖窿的一条省缝丝绺处比较斜，所以缉时要将丝绺比较直的省缝放在上面缉。胸省右片由上缉下，左片自下缉上；肩省左片由上缉下，右片由下缉上；省尖缉尖，两片长短一致，省尖处留线头 0.4 cm 打造后剪短	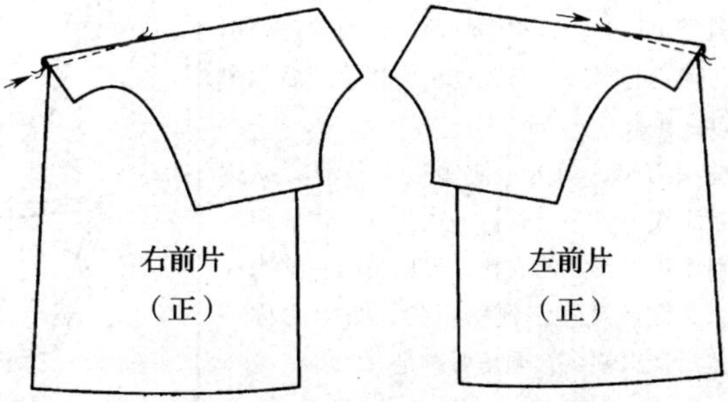
工序名称：烫门里襟挂面、烫省 工序设备：烫台、电熨斗 工序要点：烫门里襟挂面，门襟挂面宽窄按眼刀，从上向下烫。烫省，从肩头省根向省头烫，胸省缝向门襟方向烫倒，后省向背中方向烫倒，尖部位的胖形要烫散，不可有褶裥现象	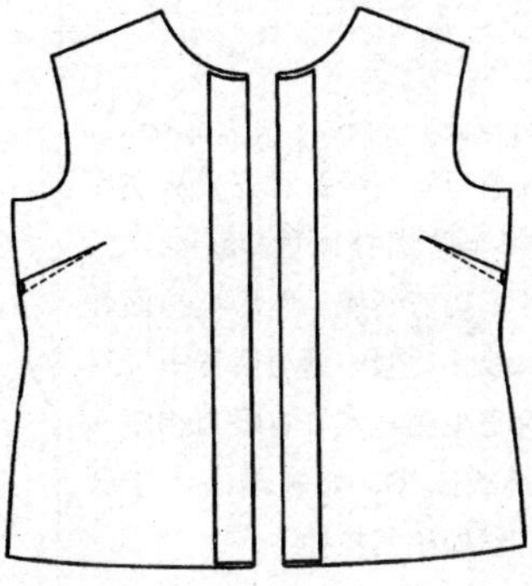

缝制方法	图　示
工序名称：合肩省、拷边 工序设备：平缝机、锁边机 工序要点：后片省处要归拢，前衣片胸省处要拔宽，前后片肩头正面相叠，前片放上面，两省缝对齐，省缝均朝领圈方向坐倒，缉线1 cm，然后拷边	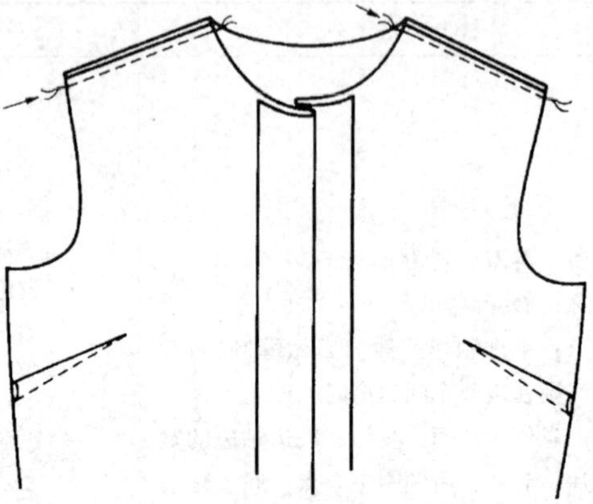
工序名称：做领 工序设备：平缝机、电熨斗 工序要点：领面比领里略放大，领面、领里丝绺一致，拼领面、领里的后领中缝，缉线0.6 cm，拼好后烫分开缝 粘衬领角处修去，粘上领面。领面领角处稍归拔，使角有窝势，与领里正面相叠，后领中缝对准，缉线0.8 cm 将缝头剪窄、剪齐，使领边沿平薄容易烫煞。按缉线把缝头向领衬一边扣倒，边烫边折转。对于难以烫煞的衣料，可以稍蘸一些水在缝边上，熨烫定型，领角折尖，两角对称一致，然后翻出领头，领角要翻足	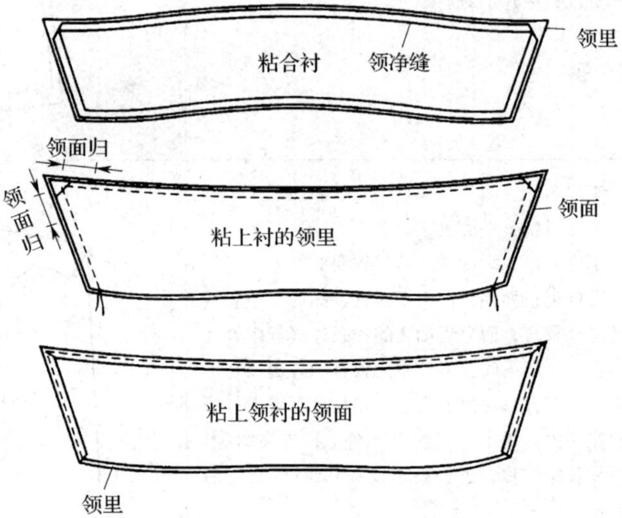
工序名称：上领 工序设备：平缝机 工序要点：挂面按止口折转，领头夹中间，对准叠门眼刀，领角与领圈缝头对齐，从左襟开始缝0.6 cm，缉至距离挂面里口1 cm处，上下五层剪眼刀，不要剪断线。然后把挂面和领面翻起，继续缉线，后领中缝与后背中线对准在左右肩缝向后身坐倒，左、右眼刀相距一致，领圈不能缉还或归拢，如领子略大于领圈，只需在领圈直丝处稍稍拉伸	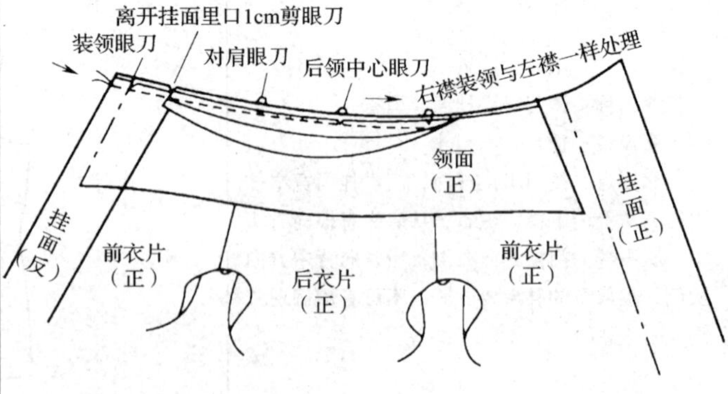

缝制方法	图　示
工序名称：压领 工序设备：平缝机 工序要点：先把挂面翻正，叠门翻出，领面下口扣转 0.6 cm，扣光后的领面盖设第一道上领缉线，注意领面要留有里外匀窝势。从眼刀部位开始缉线，不要缉牢领里，由于领面是斜料，缉线时要拉紧下层、推送上层，使上下保持松紧一致，左右肩缝和背中线不能偏，防止领面不平或起涟	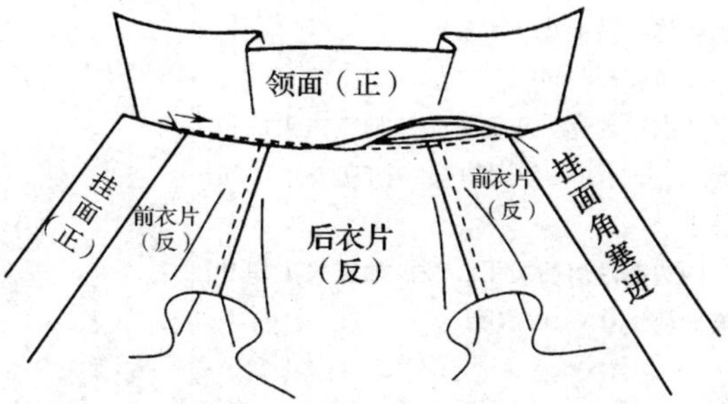
工序名称：做袖衩 工序设备：平缝机 工序要点：将滚条对折烫平，再将两端向里折净、烫平。将剪开的开衩拉成直线并把它夹在滚条中间，沿滚条边缘车缝 0.1 cm 边明线。在开衩转弯处向袖衩外口斜下 1 cm 缉来回针三道固定。使滚条倒向前袖一侧，熨烫平整	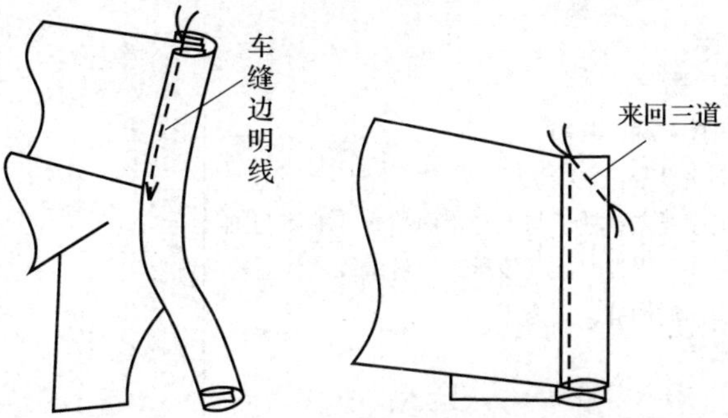
工序名称：袖口抽细裥、袖山抽吃势 工序设备：平缝机 工序要点：袖口抽细裥，用较稀针距在所需抽线的部位沿边缉线，缉线不要超过缝头 袖山抽吃势，薄料不用抽线，在缉线的同时，用右手食指抵住压脚后端的袖片，使之形成袖山头吃势。根据需要用手进行调整。厚料的袖山头采用抽线，在山头眼刀左右一段横丝绺略抽些，斜丝绺部位抽拢稍多些，山头向下一段少抽，袖底部位可不抽线	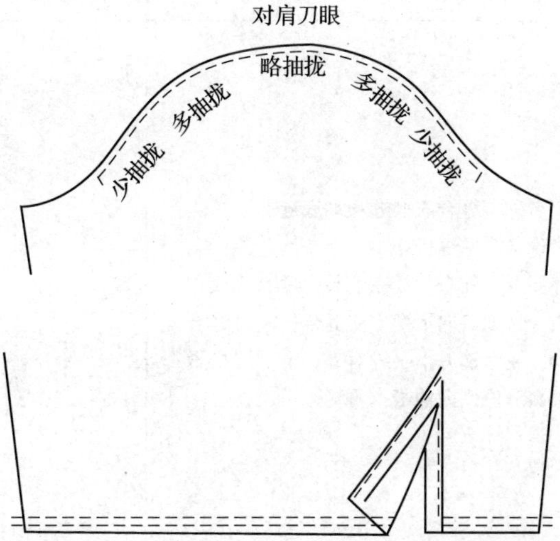

续表

缝制方法	图　示
工序名称：做袖头 工序设备：平缝机 工序要点：袖克夫正面相叠，袖克夫尖面拉转1 cm缝头，两头分别缉线，袖克夫尺寸按规格要求 烫转两边缝翻出后烫平，烫煞袖克夫夹里比袖克夫面放出0.6 cm缝头	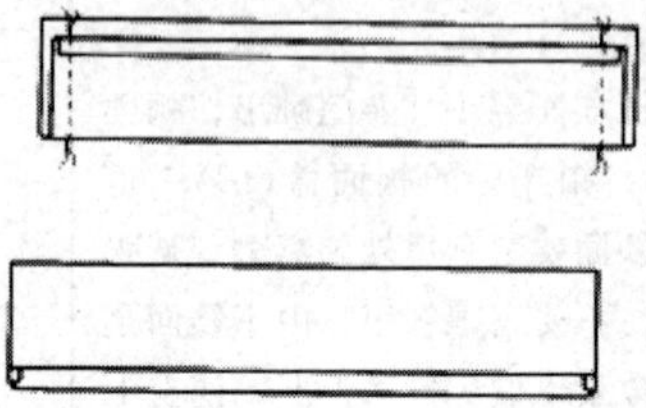
工序名称：装袖 工序设备：平缝机 工序要点：袖子与大身正面相叠，袖窿与袖子放齐，眼刀对准，按所放缝份缉线，注意将肩缝向后倒缝，再拷边	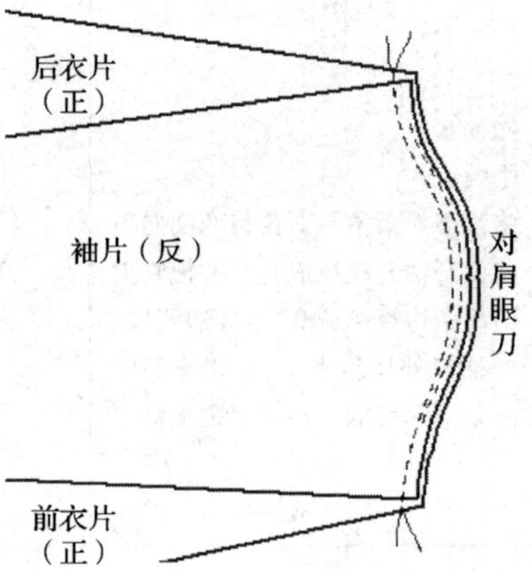
工序名称：缝合衣摆缝和袖底缝 工序设备：平缝机 工序要点：前衣片放在上层，后衣片放在下层，右身从袖口向下摆方向缝合，左身缝合方向相反。注意袖底十字缝对齐，上下层松紧一致，袖窿缝份倒向袖子，再拷边	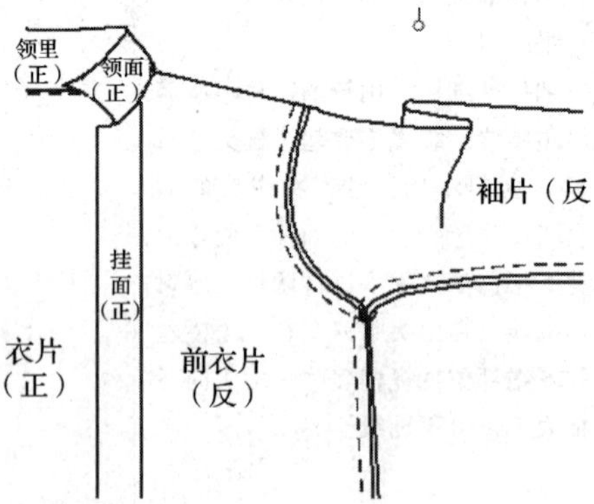

缝制方法	图　　示
工序名称：装袖克夫 工序设备：平缝机 工序要点：袖口细裥抽均匀，大小与袖克夫长短一致，袖衩门襟折转。袖克夫夹里正面与袖片反面相叠，袖口放齐，缉线 0.7 cm。袖克夫翻正，克夫两边夹里不能反吐，袖衩两端塞齐，正面缉 0.1 cm 止口	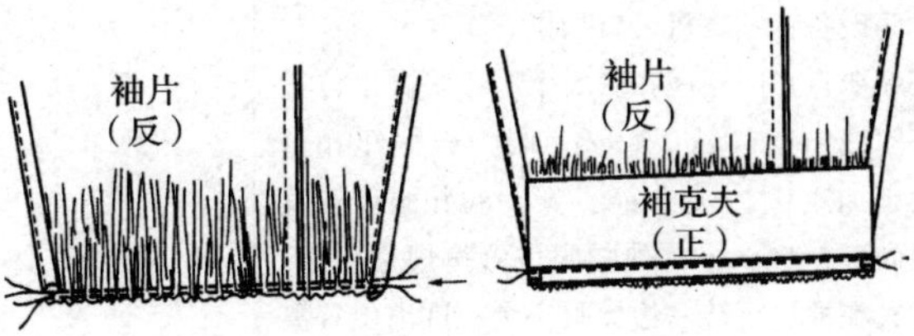 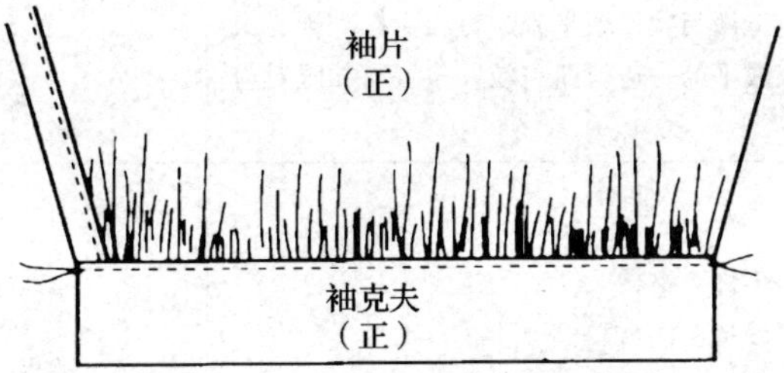
工序名称：卷底边 工序设备：平缝机 工序要点：缉底边挂面。挂面翻出，从挂面底边开始缉 0.1 cm 止口	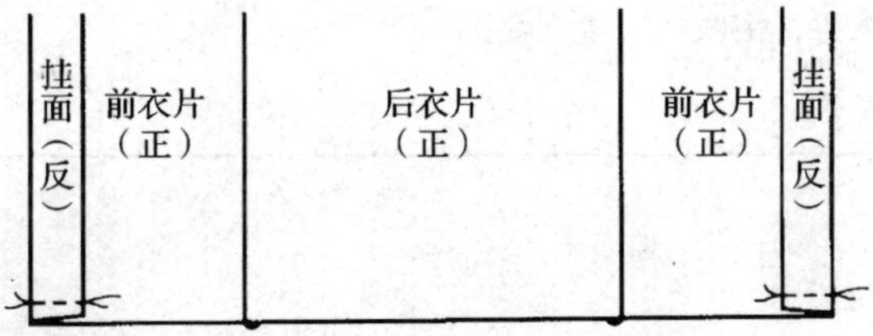 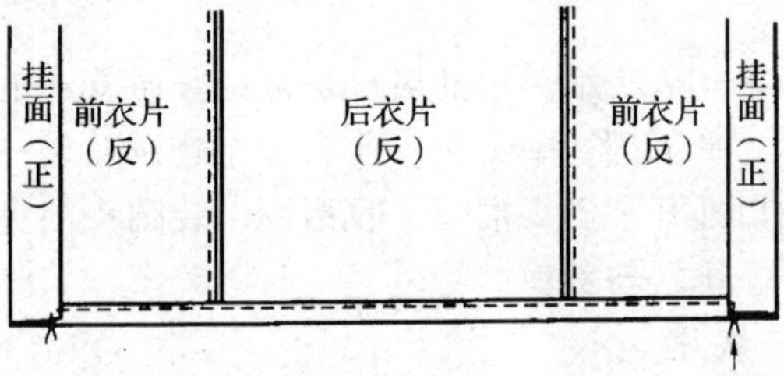

续表

缝制方法	图　示
工序名称：锁眼钉纽 工序设备：锁眼机、钉扣机 工序要点：门襟横扣眼 5 个。扣眼进出位置在搭门线向止口偏 0.1 cm。眼大根据纽扣直径大小加放 0.2 ~ 0.3 cm。第一粒扣眼位在直开领向下 1.5 cm，其他扣眼位置按规格要求。袖克夫在袖衩折转一边锁眼一个，进出位置离克夫边 1 cm，高低为克夫宽居中 钉纽：门里襟平齐，与扣眼位置对应，高低一致，进出与叠门线平齐，钉纽 5 粒。袖克夫在袖衩放平的一边钉纽一粒，位置与扣眼对应	右边门襟，锁纽眼 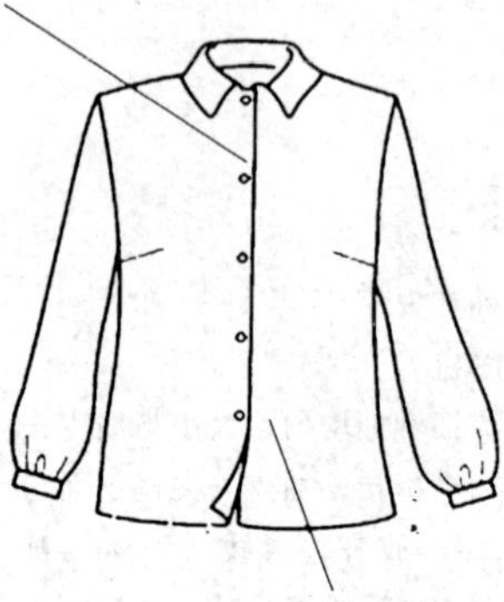 左边里襟，钉纽扣
工序名称：整烫 工序设备：烫台、电熨斗 工序要点：先熨烫门里襟挂面。塑料扣不能与高温熨斗接触，否则会烫坏纽扣。熨烫衣袖、袖克夫，袖口有褶裥，要将褶裥理齐。先烫领里，再烫领面，然后将衣领翻折好，烫成圆弧状。熨烫摆缝、下摆贴边和后衣片。衣服扣子扣好，放平，烫平左、右衣片	

模块六　男衬衫缝制

图 4—17 所示男长袖衬衫是常见普通款式的长袖衬衫。整体造型宽松，前门襟连挂面，直腰身，平下摆；中尖领，前衣片左胸设贴袋一只，翻门襟六粒扣，后衣片装育克打两个褶裥；袖口处开宝剑头袖衩，收褶裥，装圆头袖克夫。

一、排料与裁剪

1. 裁片

前衣片 2 片，后片 1 片，过肩 2 片，袖子 2 片，上领 2 片，下领 2 片，口袋 1 片，袖克夫 4 片，衩门襟 2 片，衩里襟 2 片。

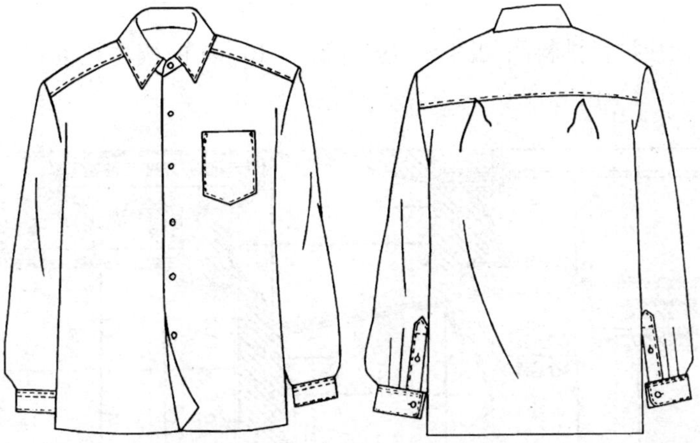

图 4—17　男衬衫外形图

2. 放缝（见图 4—18）

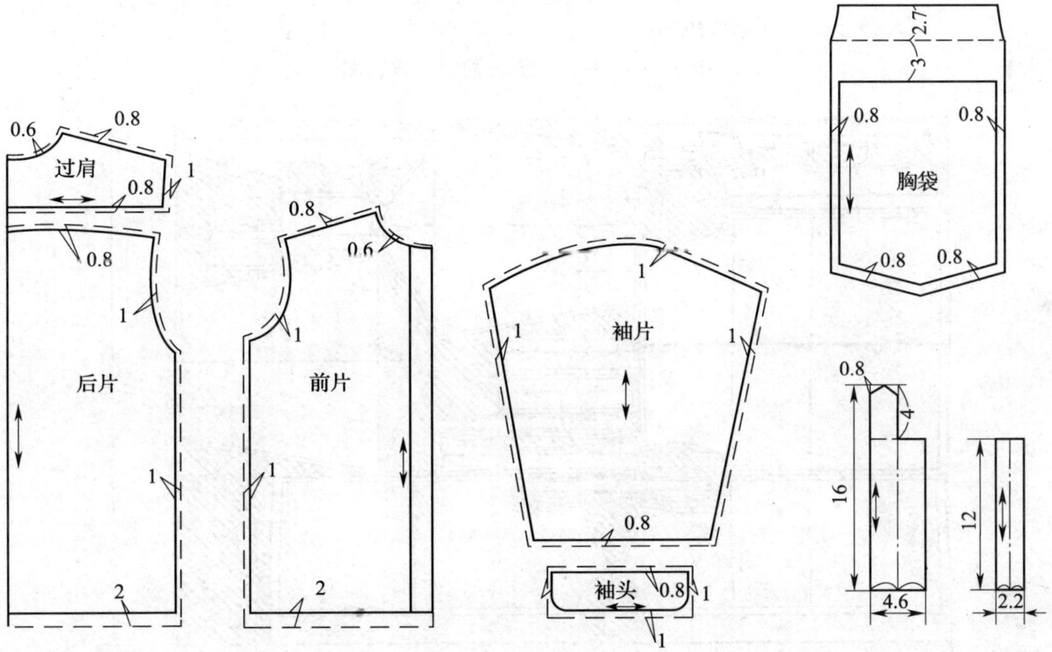

图 4—18　男长袖衬衫放缝

衣领领圈和袖窿、袖片袖山弧线、上领下口、下领四周均放缝 0. 8 cm；衣片下摆放缝 2 cm，若为圆下摆则放缝 0. 8 ~ 1 cm；门襟放缝 5. 6 cm，里襟放缝 3. 5 cm；袋口贴边放缝

5.7 cm；其余部分放缝均为 1 cm。

3．排料

90 cm 门幅男长袖衬衫排料图如图 5—19 所示，110 cm 门幅男长袖衬衫排料图如图 5—20 所示。

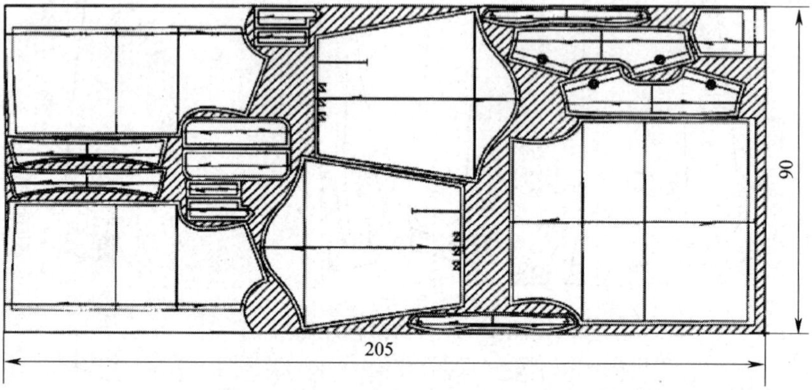

规格：衣长 71cm　　门幅：90cm
胸围 110cm　　用料：衣长 +2 袖长 +15cm = 205cm
袖长 59.5cm

图 4—19　90 cm 男长袖衬衫排料图

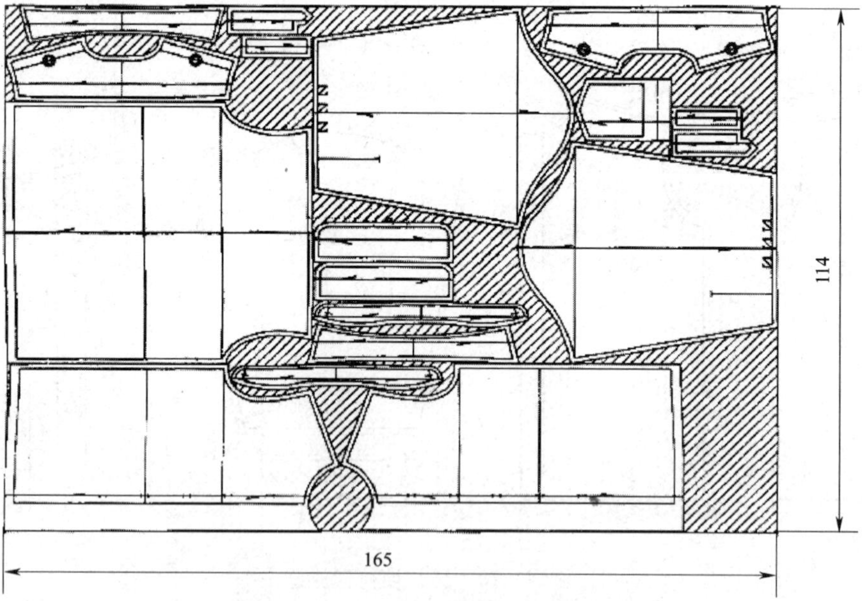

规格：衣长 71cm　　门幅：114cm
胸围 110cm　　用料：2 衣长 +23cm = 165cm

图 4—20　110 cm 男长袖衬衫排料图

二、缝制质量要求

（1）符合成品规格。

（2）缝制针距适当，线迹整齐美观，针距密度符合面料要求。

（3）外领开挺，两角长短一致并有窝势，领面无起皱、无起泡，缉领上口宽窄一致，无涟形。

（4）装领门襟和里襟上口平直，准确无歪斜，针脚整齐无跳针，接线顺直。

（5）两袖克夫圆顺对称、宽窄一致，门襟长短一致，纽扣高低对齐。

（6）整烫平挺，无烫黄现象，无污渍，无线头。

三、缝制工序

长袖男衬衫缝制工序流程如图4—21所示。

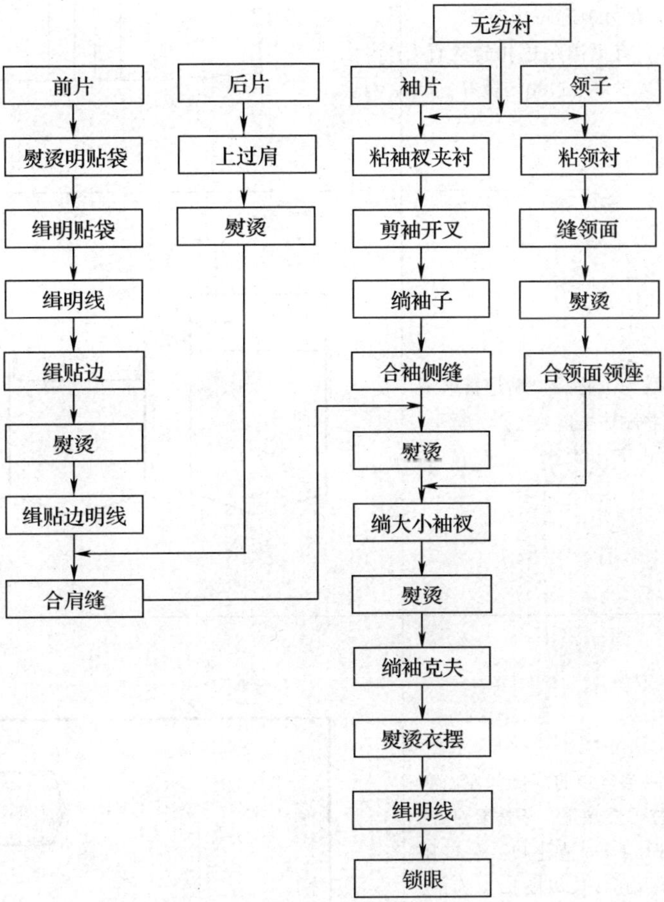

图4—21　长袖男衬衫缝制工序

四、缝制方法及要领（见表 4—6）

表 4—6 男衬衫缝制方法

缝制方法	图　示
工序名称：缉翻门襟、里襟 工序设备：熨斗、平缝机 工序要点：缉翻门襟。先在翻门襟反面居中处烫上 3.2 cm 宽有纺粘合衬，再沿衬将翻门襟毛边折转扣烫平服。以领口眼刀为准，将左前片前中一个缝头向正面扣转烫好。将扣烫好的翻门襟覆在左前片门襟正面，前中止口坐出 0.1 cm，缉明止口，在翻门襟另一侧，距边 0.3 cm 缉明止口 缉里襟。以眼刀为准，将里襟贴边扣转烫直，并按照 2.5 cm 交宽将襟边里口毛边扣转烫好，缉压 0.1 cm 明止口	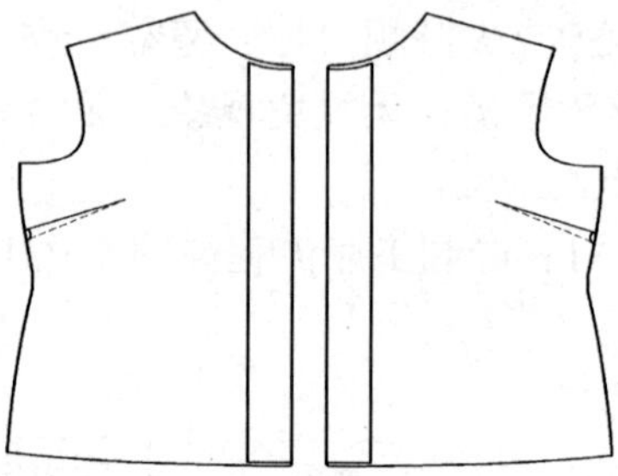
工序名称：烫袋 工序设备：熨斗 工序要点：以袋口净线为准将袋口贴边折转烫平，再按照净宽 2.7 cm 将贴边里口毛边折光烫平，沿里口折光边缉 1 cm 清止口。口袋其余三边以袋样板为准扣烫准确	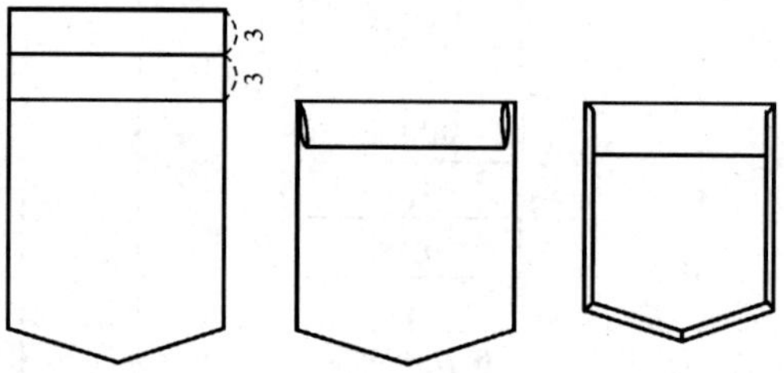
工序名称：钉袋 工序设备：缝纫机 工序要点：钉袋时应注意口袋的高低和左右必须盖设定位钻眼，口袋位置要端正，条格要对齐。从袋口右侧起针，闷缉 0.1 cm 清止口。袋口用 0.1 cm、0.6 cm 双止口缉封，长以贴边宽为准，左右封口要对称，缉线整齐、平直，打好回针	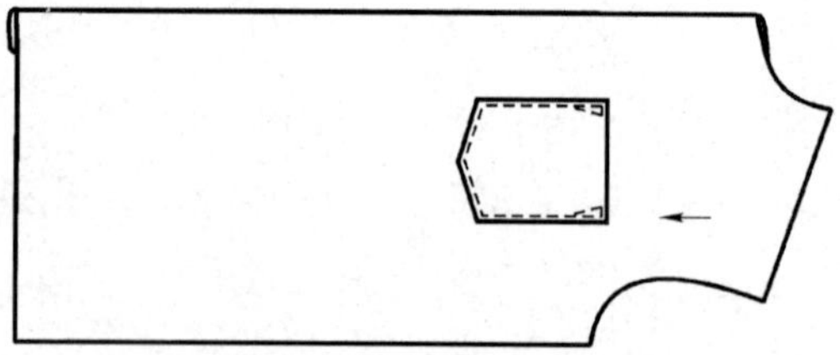

续表

缝制方法	图　　示
工序名称：拼接过肩 工序设备：缝纫机 工序要点：装后过肩前应先将左右肩缝向后反面扣转烫好。可先烫右肩缝，缝头为 0.7 cm，再对折平齐下口，烫左肩缝，要求左右肩缝平直对称，过肩面、里完全一致。然后装后过肩，过肩正面向上放下层，过肩反面正面向下放上层，后衣片正面向上夹在中间，后中眼刀对齐，以缝头 0.7 cm 缝缉一道。再将过肩面翻正，沿边缉压 0.1 cm 清止口。 将过肩面、里翻正，过肩肩缝折光口面、里对齐，将前衣片正面朝上肩缝夹在中间，沿边缉压 0.1 cm 清止口。将前衣片与过肩里面咬缝拉装，注意过肩面、里两面均缉住，目口线迹整齐，起止点打好回针	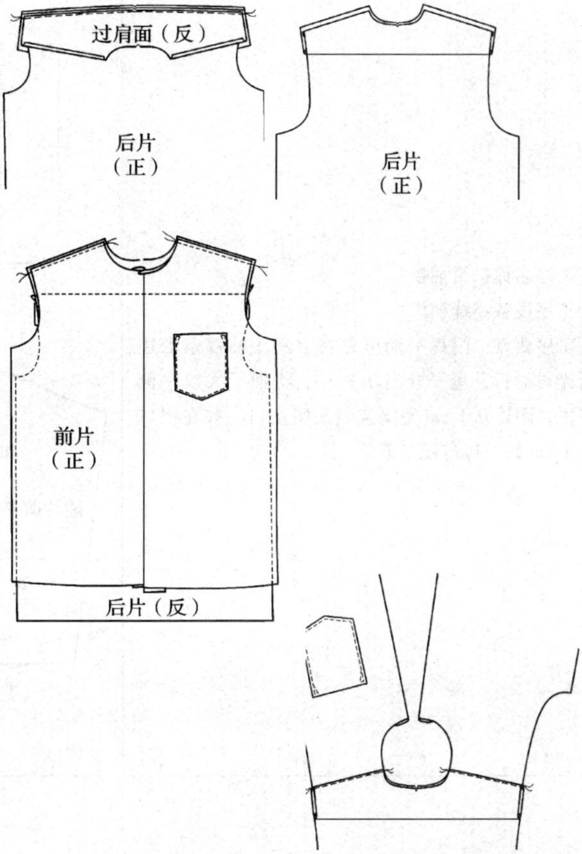
工序名称：烫袖衩 工序设备：缝纫机 工序要点：按定位标记将袖片衩口剪开，长约 11 cm。里襟一侧袖衩条长 11 cm、宽 4 cm。先将衩条两侧各扣转 0.6 cm，然后对折烫平，注意衩里吐出衩面 0.1 cm	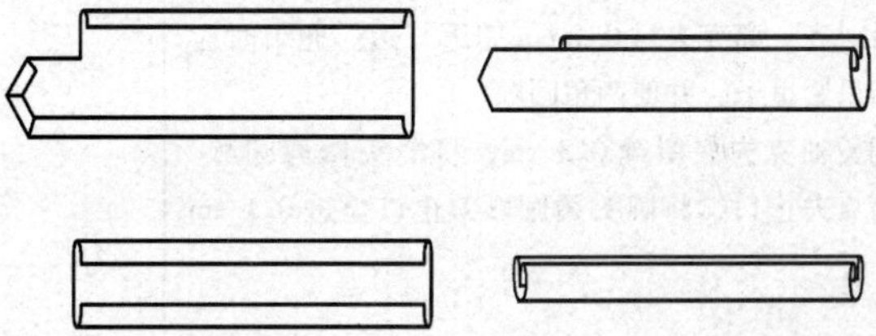

缝制方法	图　示
工序名称：缉袖衩 工序设备：缝纫机 工序要点：门襟一侧可先将宝剑头袖衩条沿边折光再对折，里子吐出 0.1 cm，将袖子大衩一侧夹进，跟边 0.1 cm 兜缉宝剑头明止口，并在衩口下 1 cm 处平封衬衩三道	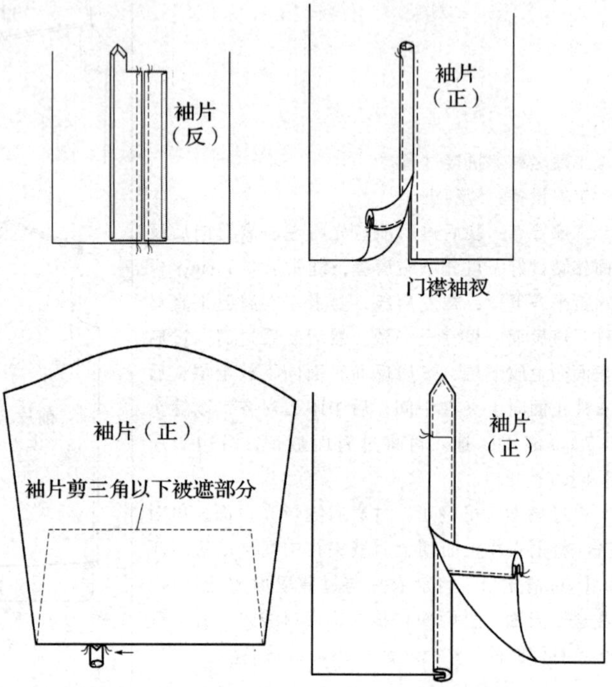
工序名称：做袖克夫 工序设备：缝纫机、熨斗 工序要点：兜缉袖克夫。克夫面、里正面相合，边沿对齐，离克夫衬 0.1 cm 兜缉三边。兜缉时应适当吊紧里子，并使两角圆顺 翻烫袖克夫。留缝 0.3 cm，将缝头修剪圆顺。翻出克夫止口，将圆头烫圆顺，止口坐进 0.1 cm 不外吐	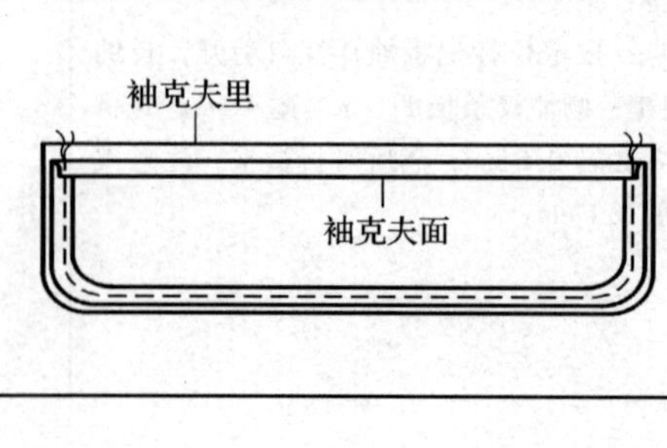

续表

缝制方法	图　　示
工序名称：装袖 工序设备：缝纫机 工序要点：衣片在下、袖片在上，正面相合，袖底缝对准摆缝处留 1 cm 缝头缉缝。袖子有一定的吃势，袖中眼刀对准过肩装袖眼刀，前后松紧一致，然后用锁边机将缝头锁光	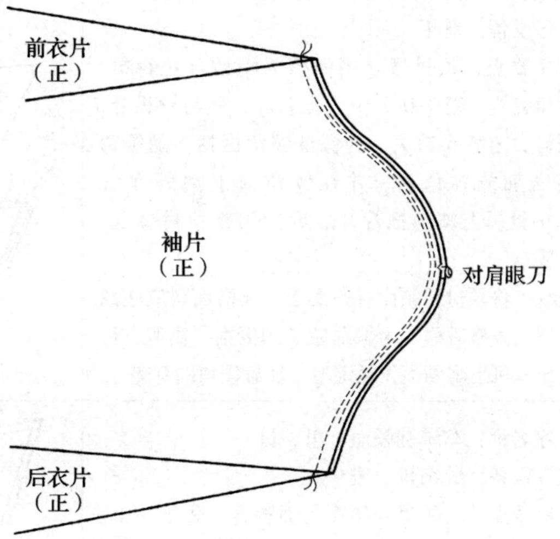
工序名称：缝合摆缝、袖底缝 工序设备：缝纫机 工序要点：由下摆开始往上缉，缝头 1 cm，缉线顺直，上下层平服，袖底处十字缝口对准，缉完后用锁边机将缝头锁光	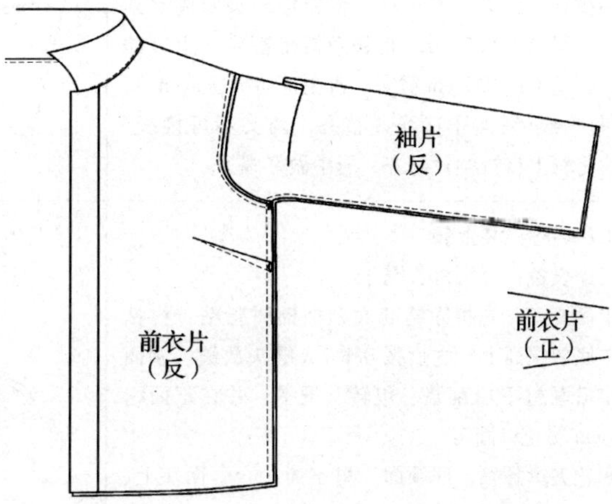
工序名称：装袖克夫 工序设备：缝纫机 工序要点：将袖克夫咬缝接装到袖子上。把袖口夹入做好的袖克夫内，注意袖克夫两端要塞足塞平。缝头为 0.8 cm，在袖克夫正面缉 0.1 cm 窄止口，反面坐缝不超过 0.3 cm。然后在袖克夫另外三边缉 0.3 cm 明止口	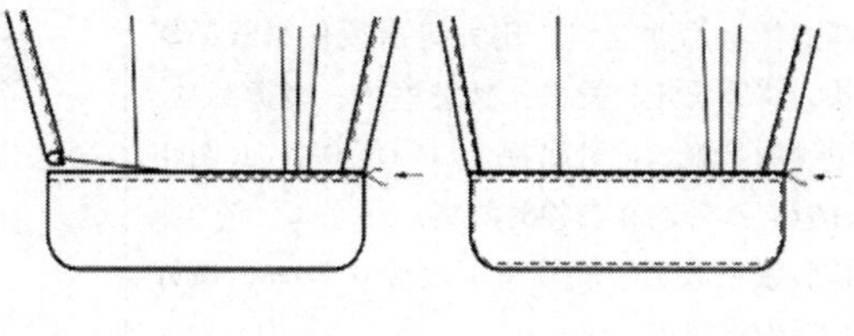

缝制方法	图　示
工序名称：裁配翻领面、里、衬 工序设备：熨斗 工序要点：领衬通常用涤棉树脂粘合衬斜料。划出净缝线，缝头0.7 cm，上领面、里与衬相合，将领衬尖角缝头剪去。为保证领角挺括，翻领两角还需加放领角衬，并在领角衬上离领净线0.2 cm处缉上塑料插片，然后摆正领角衬位置，轻烫固定 烫领。将领衬与领面对齐摆正，条格面料应注意左右领尖条格对称。为保证领子的挺括、窝服，可以在压领机上将领面压烫定型，注意领角的窝势	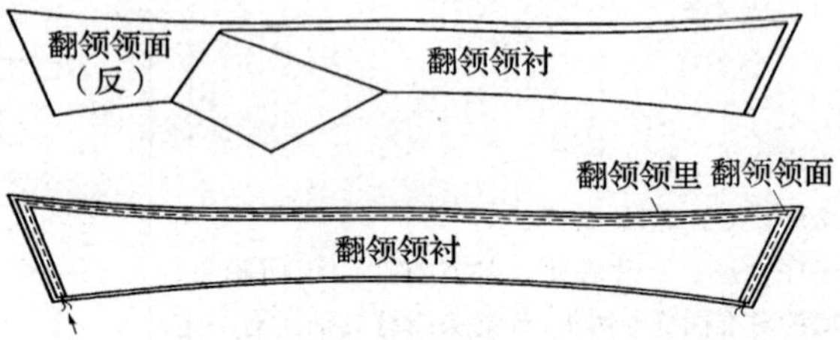
工序名称：车缉翻领面、里、衬 工序设备：缝纫机、熨斗 工序要点：将领里和领面正面相合，领里在上。缉时应在领角两侧略微拉紧领里，使其里外均匀，以满足领子的窝服要求 翻烫翻领、缉压明止口。将领角缝头修成宝剑头形，留缝头0.2 cm。将领角翻足翻尖，止口抻平，领里坐进0.1 cm烫实，再在正面缉压3 cm明止口。要求领面止口线迹整齐，两头不可接线。最后将领下口按领衬修齐，居中做好眼刀	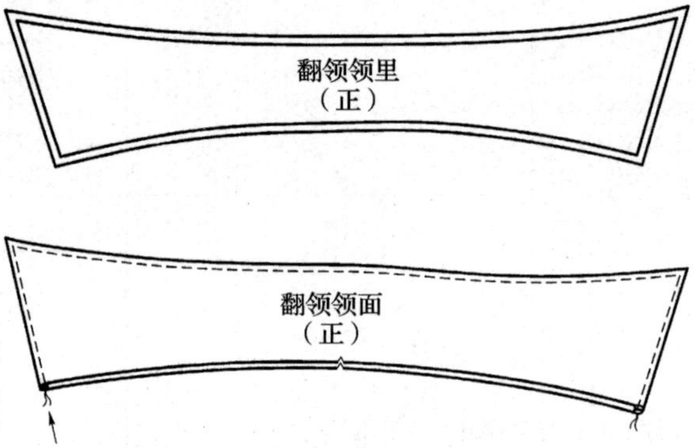
工序名称：装上领 工序设备：缝纫机、熨斗 工序要点：先将净缝的底领涤棉树脂粘合衬粘烫在底领领面上，之后按0.8 cm缝头放缝。领面上口沿领衬下口刮浆、包转、烫平，并在正面缉0.6 cm明止口固定 底领夹缉翻领。底领面、里正面相合，面在上、里在下，中间夹进翻领，边沿对齐，三眼刀对准。离底领衬0.1 cm缉线，并将底领两端圆头缝头修到0.3 cm 缉压底领上沿明止口。用大拇指顶住缉线，翻出圆头，将圆头止口烫平，坐进里子，熨烫圆顺，并将下领烫平服。再沿底领上口缉压0.2 cm明止口，注意起落针均在翻领的两侧 做好装领三眼刀。底领里下放缝0.7 cm，做好肩缝、后中三眼刀	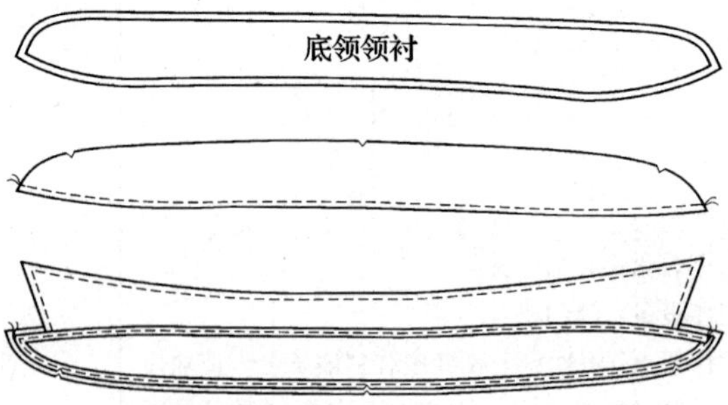

缝制方法	图　示
工序名称：装领、缉领 工序设备：缝纫机、熨斗 工序要点：装领。下领领里和衣片正面相合，衣片在下、领里在上，以0.6 cm缝头缉缝。注意领里两端缝头略宽些，端点缩进门里襟0.1 cm，肩缝、后中眼刀对准，防止领圈中途变形，起止点打好回针 缉领。将领面翻正，衣片领圈夹于底领面、里之间，缉线起止点在翻领两端进2 cm处，接线要重叠，但不能双轨。底领上口、圆口处缉0.15 cm明止口，底领下口缉0.1 cm明止口，反面坐缝不超过0.3 cm，两端衣片要塞足、塞平	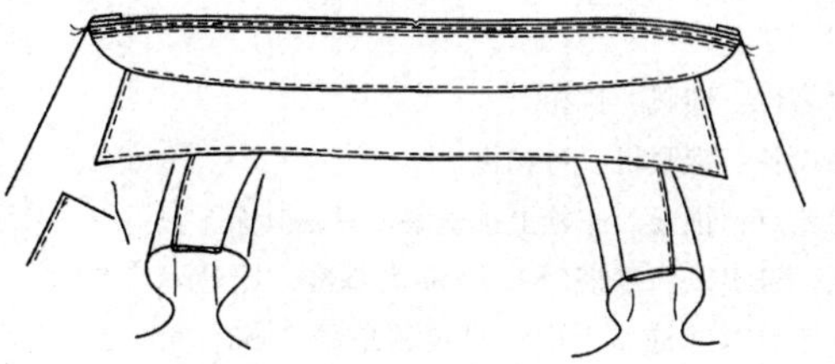 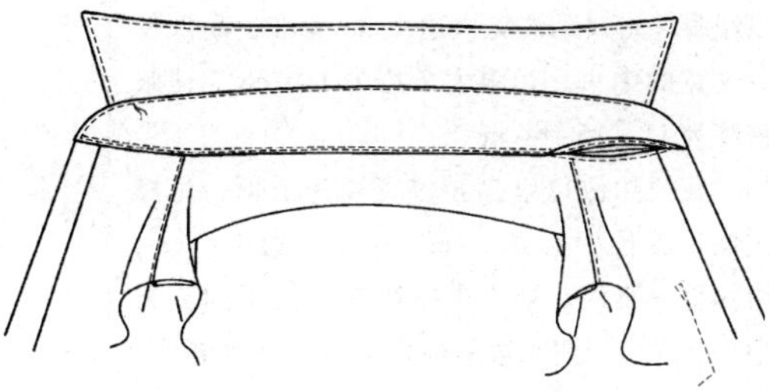
工序名称：卷缉底边 工序设备：缝纫机、熨斗 工序要点：将衣服底边修齐修顺，卷边从门襟下脚开始，圆下摆卷边净宽0.6 cm。在反面折边缉0.1 cm清止口，起止点打好回针。要求门、里襟长短一致，卷边宽窄均匀，中途平服不起皱，摆缝缝头倒向后片	 

续表

<table>
<tr><th>缝制方法</th><th>图　示</th></tr>
<tr><td>工序名称：锁眼、钉扣
工序设备：锁眼机、钉扣机
工序要点：锁眼。底领上锁横眼1只，其余5只为竖眼，进出以门襟搭门1.7 cm为基准，眼位间距按工艺要求（通常上面一只离领角眼7 cm，最下面一只离底边1/4衣长，其间四等分）。左右袖克夫各锁眼1只，位于袖衩门襟（大衩）一侧，左右以纽眼外封口距袖克夫边1 cm为准，高低位于袖克夫宽的中央。扣眼大小均为1.6 cm，锁眼针码密度为11～15针/cm
钉扣。底领扣位以里襟扣位直线为依据，里襟纽位应低于眼位中心0.2 cm，左右离边1.4 cm，上下纽扣呈一直线。袖克夫钉纽高低位于袖克夫宽的中央，左右以纽扣边距袖克夫边1 cm为准</td><td>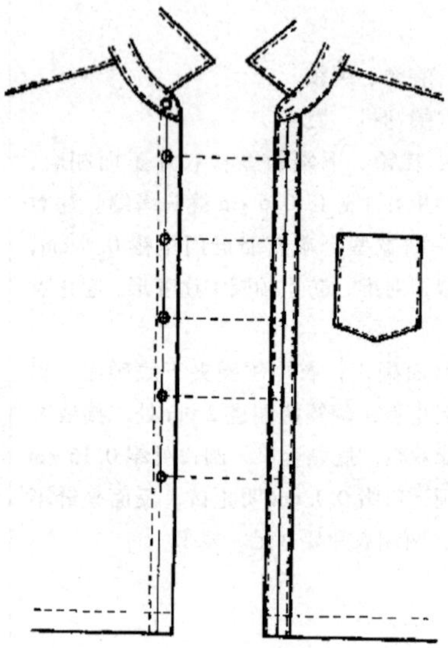</td></tr>
<tr><td>工序名称：整烫
工序设备：烫台、熨斗
工序要点：烫领子。在翻领正面沿缉线拉紧烫，使领面与缉线平服，反面领里不起涟
烫袖子。袖底缝熨平服，烫平缝口，没有坐缝。袖子两面烫平，裙裥要熨烫顺直。袖克夫应先烫里、再烫面
烫大身。将前身左右甩开，把商标和过肩里烫平，再将后身反面烫平；前身胸袋反面线迹烫平。然后将门襟搭拢由上往下将纽扣扣好，将前后身摆平，摆缝拉直，熨烫平服。注意装袖缝头一律向袖子一边坐倒，使领子折转自然、坐势恰当、领面平服、领尖贴身，领子左右对称、窝服不反翘</td><td></td></tr>
</table>

第五单元　服装后整理

在实际生产中，常将服装的练漂、染色、印花以外的加工过程称为整理，由于整理工序都安排在整个染整加工的后期，故常称为后整理。大型服装生产企业把锁眼、钉扣、打套结、剪线头、除污渍、整烫和包装组成后道，即后整理。下面依据大型服装企业的服装后整理工序来进行介绍。

模块一　锁眼、钉扣、打套结

服装工业没有形成之前，锁扣眼、钉纽扣一般用手工完成。例如，在过去没有套结机的情况下，平车工采用打回针的方法加固。

一、锁眼

锁眼分平头扣眼和圆头扣眼两类。平头锁眼机一般用来给衬衫、T 恤、丝绸服装等夏季服装或薄料服装锁眼，扣眼形状有横向平头和纵向平头两种，两端套一小结，以增加扣眼的牢度。圆头锁眼机一般用于西服、制服、防寒服等较厚面料服装的锁眼作业，扣眼尾端套一小结以增加牢度，扣眼一般为横向。

1. 锁眼形式

一般锁眼方式有圆头无尾、平头无尾、圆头有尾和平头有尾等。

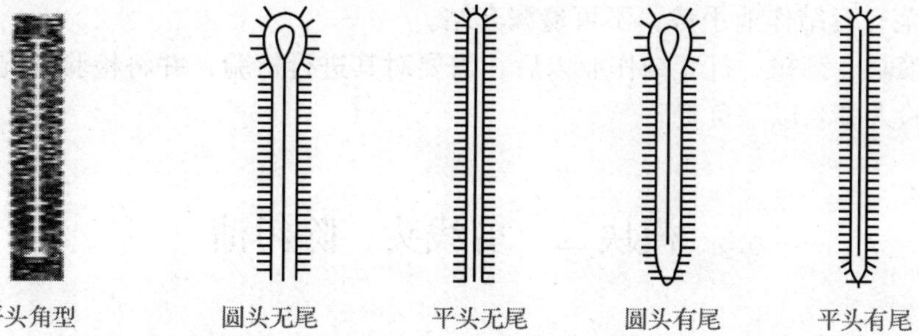

平头角型　圆头无尾　平头无尾　圆头有尾　平头有尾

图 5—1　常见锁眼形式

2. 遵循的规则

（1）分清平头扣眼和圆头扣眼，根据服装面料种类使用不同的锁眼机。

（2）必须使用与号型相适应的扣档板点扣位。

（3）锁眼线的性能和颜色必须与面料相适应。

（4）锁扣眼的针距密度必须执行产品标准。

（5）眼位竖要直、横要平，不可有任何歪斜现象。

二、钉扣

纽扣分线钉纽扣和敲钉纽扣（四合扣）两种。敲钉纽扣由四片组成，门襟上两片一合为母扣，里襟上片一合为子扣，以前是由手工敲打固定的，20 世纪 90 年代后开始改用敲扣机完成作业。敲扣多用在牛仔服装上，部分夹克和防寒服上也有使用。其他的服装大都用线钉纽扣。

钉扣应遵循以下规则：

（1）要与纽扣线的颜色相适应。

（2）纽扣位要与扣眼相对应，在服装里襟需钉在叠门线上。

（3）钉纽的每孔根数必须执行产品标准。

（4）纽脚的高度要适度，线结不能外露。

三、打套结

打套结俗称“打枣”，是对成衣容易脱开部位进行加固的一种工艺。例如，上衣的双嵌线袋的两端、裤子的前插袋和后袋的两端、裤门襟下端、裤襻两端。因为套结机昂贵，故小型服装厂一般采用平缝机打回针解决。有一定规模的服装生产企业都用专业套结机进行作业。套结机打出的套结牢固、美观，其套结部位的纰裂强力超过 300 N，在穿用期间不易脱开，大大增加了成衣的牢度和安全性。

打套结应遵循以下规则：

（1）套结线需用本成衣的缝制线，以保持性能和色泽一致。

（2）套结位置按技术部提供的示意图或文字说明而定。

（3）分清套结横、竖、斜三种形式，摆好缝件。

（4）规范打套结作业手势，不可遗漏套结。

在完成锁眼、钉扣、打套结作业以后，需要对其进行检验，并将检验情况填入相关检验表，并由检验人签名以示负责。

模块二　剪线头、除污渍

剪线头与除污渍在服装生产企业中一般由杂工手工操作完成。虽然其技术含量不高，但对提高服装的档次也有着重要的作用。国外出口商对中国服装提出“四害”的说法，其内容是：“污渍多，线头多，缝制不良，整烫不良。”污渍排在第一位，线头排在第二位，可见剪线头、除污渍对提高出口服装的档次起着重要的作用。

一、剪线头

线头分为死线头和活线头两种。死线头是指在缝制作业中的锁眼、钉扣、打套结作业完成以后，操作者没有剪下的0.4 cm以上长度的线头。目前很多大、中型服装生产企业所使用的缝纫机械都有自动剪线装置，但仍会留下不少死线头，有待人工修剪。一般客商都会以成品中存有死线头的多寡作为判断产品合格与否的标准。

1. 剪死线头

在处理死线头时不能掉以轻心，应遵守以下规则：

（1）操作工需将本工序中造成的死线头修剪干净。

（2）车间管理人员应随身携带一把线剪，巡检时发现死线头及时剪净。

（3）专职检验员在进行质量检查时应仔细，一旦发现死线头，及时剪净。

（4）专职剪线头工应严格采用从上至下、从前至后、先表后里的规范方式修剪死线头。

2. 剪活线头

活线头是指被剪掉的死线头或纱头在生产过程中重新沾在缝件上。客商也会以成品中存有活线头的多寡作为判断产品合格与否的标准，所以需要认真对待。拾捡活线头有以下几种方法：

（1）手捡法。将沾上活线头的成衣平摊在台桌上，然后一根根捡起放在剩线盒里，避免重复沾在成衣上。

（2）滚沾法。在10 cm直径的圆纸筒外层包一层塑料黏胶纸，然后将滚筒在沾有线头的成衣上来回滚动，以清除线头。

（3）吸线法。利用吸尘器原理制成的吸线器清除活线头。此方法于20世纪90年代中期开始在具有一定规模的服装生产企业内采用，是清除活线头的好方法。

（4）吹线法。利用鼓风机和直径60 cm的帆布管道，把成衣放在风口上，利用强大的风力将活线头通过帆布管道吹进塑料剩线桶里。

二、除污渍

污渍在“四害”里排在第一位。缝件或成衣在制造和转移时可能会沾上污渍，如不除去，客商可能因此向生产商提出索赔，给生产商带来经济损失。因此，厂家在总检时要严格把关，对沾有污渍的成衣进行除污渍处理。成衣上的污渍大部分是汗渍、泥渍以及机油渍，去污应以预防为主、去污为辅，具体措施如下：

1. 污渍的预防措施

（1）保持车间的环境整洁，地面应铺上地板、瓷砖、地毯，墙壁应涂仿瓷涂料，并设专职保洁员全天保洁。

（2）员工上班时应先清洗双手，换工作鞋、工作服后再进车间上岗操作。

（3）开机前应先擦净机器和机台板面。

（4）开机后，先用废布条在机针处来回车缝若干遍，让溢出的机油滴在废布条上，直至滴尽为止。

（5）不准用有色笔在缝件上做定位记号。

（6）不准携带任何食物和饮料进入车间。

（7）每位操作工必须严格遵守保洁规定，保证本道工序不出现任何污渍。

2．*去污方法*

（1）如果由于不可避免的或偶然的原因使缝件、成衣沾污，必须采取正确的方法除去污渍。

（2）对局部沾有灰尘、泥渍的成衣，可用牙刷蘸洗衣粉洗净局部。

（3）对小面积沾有机油的污渍，可用牙刷蘸汽油、酒精、香蕉水刷洗局部，刷净后，再用清水刷洗。

（4）对于大面积的踩脏和油渍可以整件水洗或干洗处理。

（5）对于小面积的较顽固污渍，可以用装有强力洗涤剂的除污枪喷射除污。

模块三　整　　烫

熨烫是运用温度、湿度、压力和时间等因素的变化来改变织物密度、形状的工艺过程，也是对服装材料进行预缩、消皱、热塑形和定型的过程。

一、熨烫的作用

要达到平面衣片向立体的完美转化，除运用缝纫工艺中的收省和打裥以外，熨烫加工对服装立体造型的塑造非常重要，其主要作用表现在以下四个方面：

1．*原料预缩和整理*

服装面、辅料在裁剪以前，尤其是棉、毛、丝、麻等天然纤维织物，要通过喷雾、喷水熨烫等不同方法，对面、辅料进行预缩处理，并去除衣料折皱，为排料、划样、裁剪和缝制创造条件。

2．*热塑形*

热塑形是利用衣料的热塑变形原理，采用推、归、拔等熨烫技术和技巧，适当改变衣料纤维的伸缩度及衣料经纬组织的密度和方向，塑造服装的立体造型，弥补结构制图没有省道、撇门及分割设置等造型技术的不足，使服装符合人体审美和舒适度的要求。

3．*定型、整形*

为了提高服装的缝制质量、降低缝制时的难度，在半成品的缝制过程中，衣片的很多部位要按照工艺的要求进行平分、折扣、压实等熨烫操作，如折边、扣缝、分缝烫平、烫实等，以达到衣缝、褶裥平直，贴边平薄贴实等持久定型。对成品服装的整形熨烫，可使服装达到外形平整、挺括、美观、适体等立体外观形态。

4．*修正弊病*

利用织物中纤维的膨胀、伸长、收缩等性能，通过喷雾、喷水熨烫，修正服装在缝制中产生的缺陷。如，对缉线不直、弧线不顺、缝线过紧所造成的起皱，小部位松弛形成的"酒窝"，部件长短不齐，止口、领面、驳头、袋盖外翻等缺陷，都可以通过熨烫技巧给予修正，以提高服装质量。

二、熨烫的基本原理

通过热湿结合的方法，使纤维大分子间的作用力减小，分子链段可以自由移动，此时，纤维的变形能力增大、刚度明显降低，在一定外力作用下强迫其变形，使纤维内部的分子链在新的位置上重新建立。冷却和解除外力后，纤维及织物的形状会在新的分子排列状态下稳定下来，其定型主要包括三个基本过程：纺织材料通过加热而柔软；柔性材料在外力作用下变形；变形后冷却，使新形态得以稳定。在这三个基本过程中，纤维的柔性化是织物改变形态的首要条件，对织物所施加的外力则是产生变形的主要手段，它加速了变形过程，并能按人的想法塑形。在纺织品达到了预定要求的变形后，给予冷却则是关键。不论柔软、变形和冷却，这三个过程都需要一定的时间来完成。

三、熨烫的条件

服装熨烫主要受温度、湿度、压力和时间等因素的影响。服装要达到完美的熨烫效果，必须正确控制这些条件。

1. 温度

熨烫温度是影响熨烫效果的主要因素。纤维的状态随温度变化而变化，在低温状态下，纤维分子结构比较稳定，分子链间处于相对稳定的状态。但随着温度的升高，分子链间的相对运动开始变得容易，织物也较易于在外力作用下按外力作用的方向产生变形。这种按工艺要求产生的变形通过冷却固定下来，就达到了熨烫定型的目的。由于各种面料的热学性能差异很大、耐热性不同，它们的最佳熨烫温度也不一样。因此，掌握好各类面料的熨烫温度是整理服装的关键。如果熨烫温度过高，超过面料的允许受热温度，面料易烫黄、烫焦、变形，甚至熔化掉；熨烫温度过低，虽不损伤面料，但达不到熨烫效果。

2. 湿度

熨烫过程中的润湿作用十分重要，其主要作用就是使水分子进入纤维内部分子之间，增大分子间距离，并对分子链之间的运动起润滑作用，使纤维膨胀伸展，变得柔软且易于变形，从而进一步改变纤维特征，给熨烫加工提供变形或定型的条件。但湿度应控制在一定范围内，过湿或过干都不利于服装定型。由于不同面料的吸湿效果不同，要根据面料的特征合理掌握。

3. 压力

在熨烫定型中，压力也是必不可少的条件。压力可以改变物体的形状和大小，面料也是如此。但纯粹依靠压力想使服装达到定型的效果，就面料性质来说，也是非常困难的，较大的压力和较长的作用时间对于服装工业化生产是不适合的。因此，只有在一定的压力作用下，同时施以一定的温度和适当的湿度，才能发挥其应有的作用，才能使织物按要求来定型。熨烫压力的大小要根据材料、款式、部位而定。如真丝、人造棉、人造毛、灯芯绒、平绒、丝绒等材料，用力不能太重，否则会使纤维倒伏而产生极光；而像毛料西裤挺缝线、西服止口等处，则应用力重压，以利于折痕持久、止口变薄。

4. 时间

熨烫操作的时间长短，取决于以上三个基本条件的综合作用。一般情况下，整烫的温度高，熨烫的时间就相对较短，反之则时间相对较长；面料的湿度越大，熨烫的时间就越长；压力大一些，熨烫的时间就会短一些。只有在温度、湿度、压力三个基本条件运用适当的情况下，适当延长熨烫时间，才能使服装达到较好的定型效果。

四、熨烫的要求

(1) 熨烫时熨斗不能在同一部位停留时间过长，应注意移动有规律，不得盲目乱烫，以免面料丝绺受损或烫坏衣料。

(2) 应尽量在衣料的反面进行熨烫，如必须在衣料正面熨烫时，应盖上水布，以免表面烫出极光。

(3) 成品服装应符合人体体形的立体造型，因此塑形时应严格以人体体形为依据，科学地在衣片与人体凸凹部位相对应的位置施以“推”“归”“拔”，切不可盲目使用。对于立体部位，还可借助某些辅助工具塑造立体造型。

(4) 粘烫时，应根据粘合衬种类、性能的不同而采取适当的温度、压力和时间，保证粘合衬与面料之间粘合牢固、平挺。

(5) 熨烫时温度、湿度、压力和时间应与衣料的性能相配合，并根据需要和所烫部位选择适当的熨烫方式。

五、成品熨烫方法

1. 男衬衫的熨烫

男式衬衫面料的品种很多，有纯棉、丝绸、麻纱、的确良以及混纺或交织的织物。使用蒸汽熨斗时，要把蒸汽压力提高到 0.2 MPa 以上时才能进行熨烫。使用蒸汽喷雾电熨斗时，要根据男式衬衫面料纤维的种类，把熨斗上的刻度调节器调整到所需要的熨烫温度。熨烫男衬衫的原则是先熨小片后熨大片。程序如下：

(1) 衣袖。将衬衫的前襟合上，背朝上平铺在烫案上，把两袖的背面分别烫平后再熨烫袖口。最后翻过来把袖的前面找平。

(2) 后背。先将衬衫左右门襟打开，在后背内侧从下摆至肩一次烫平。

(3) 过肩。男衬衫的过肩是由里外两层面料制成的。把托肩部位平铺在烫案上，用熨斗把上下双层托肩一次烫平。

(4) 前襟。将左右前襟分开，先烫平内侧，然后分别把左右前襟烫平。

(5) 衣领。衣领能体现出男衬衫的风格，对男衬衫衣领的熨烫非常重要。在熨烫衣领时要把正反两面一起拉平，从领尖向中间熨烫，然后翻过来对领背重烫，趁热再用双手的手指把衣领捺成弧形，把折后衣领的中间部位烫牢，领尖部位不烫。

(6) 折叠。为了放置或携带方便，可以把熨烫好的衬衫折叠起来存放。

折叠方法：将前襟纽扣扣好，衬衫背朝上平展在案台上，将左袖在与前后身缝合处为轴向左横折，然后将左袖的下半部在后身中线处作 90°角下折，并要使下折部分袖中线与后身中线重合。右袖也用同样的方法向左折，然后再把右袖的下半部分下折，使下折部分的袖中线也与后身中线重合，也就是说使左右袖的下半部分在衬衫的后背处重叠。然后分别把左右半身在衣边线与后背中线的 1/2 处向内折，再把折叠后的下摆在底边与袖口的 1/2 处向上折。最后再取折叠后的衣长 1/2 处为轴将下半部上折。为了增加挺度，可在中间放置一张厚纸板，再用大头针牢固定位。

2. 女衬衫的熨烫

女衬衫的面料品种也很多，有纯棉、丝绸、麻纱、的确良及其混纺或交织面料。在用蒸汽喷雾电熨斗时，要根据面料的纤维种类调整所需要的熨烫温度。用蒸汽熨斗要升足气压。由于女衬衫多带有绣花及装饰物，熨烫时要格外注意勿使其受损。程序如下：

（1）衣袖。女衬衫的袖无论是长的还是短的，都必须烫成圆筒形。熨烫时，熨斗要在衣袖中间运行，不要把两边烫死，采用滚动的方法把衣袖烫平。如果熨斗大于衣袖宽度，可将衣袖放在烫案边沿上，使下部分悬空转动熨烫，即可将衣袖烫成圆形。还可以把衣袖套在袖骨上旋转熨烫，效果会更好。

（2）贴边。将女衬衫左右前襟内侧的贴边分别铺在烫案上烫平。注意不能把烫平的衣袖弄出褶来。

（3）领子。女衬衫有一字领、开关领及立领，方法同熨烫男衬衫的左襟和右襟。

（4）前襟。将女衬衫正面平铺在烫案上，分别熨烫女衬衫的左襟右襟。

（5）后身。将整铺在烫案上的左右前襟打开，从衣服内侧烫平女衬衫的后身。

（6）袖肩。将女衬衫的肩部套在穿板头上，或用棉馒头垫起来，把袖肩烫成拱形，把袖与肩接缝处烫出立体效果。

（7）折叠。与男衬衫的折叠方法相同。

3. 男西裤的熨烫

使用蒸汽喷雾电熨斗时，要根据裤子面料纤维的种类调整准确的熨烫温度。在熨烫浅色毛料西裤时，最好垫上一层白棉布，避免使浅色毛料发黄。在熨烫化纤织物时，也必须垫上一层白棉布，避免烫伤面料。垫棉布熨烫时，如果温度不够，可把调温旋钮向上调一格，以满足温度的需要，达到热量平衡。蒸汽熨烫程序如下：

（1）反面裤腰。先将裤子翻过来内侧朝外，把裤腰部位套在穿板上烫平裤缝、贴边及裤袋。

（2）反面裤腿。把烫完反面裤腰的西裤放在烫案上，烫平裤腿中缝及内缝，烫平裤脚卷边及膝布。

（3）正面裤腰。将裤子套在穿板上，转动烫平裤腰及前门，袋口及袋盖要重点烫牢。

（4）裤腿正面。裤腿前面朝上平铺在烫案上，熨斗在裤腿中间由裤脚向裤腰运行，不能将两边缝合线压死，膝盖部位要重点烫平。

（5）裤腿背面。将烫完前面的裤子翻过来烫平裤腿背面。

（6）裤侧面。将两裤腿的中缝对齐，侧放在烫案上，先烫平上面裤腿的侧面，然后将烫完侧面的上面裤腿折起，再烫平下面裤腿的内侧。当下面的裤腿内侧烫平后，翻过去烫裤腿的另一个侧面，折起后再烫下面裤腿的内侧。当裤腿的两外侧及两内侧都烫平后，压死裤线。注意：千万不要烫出歪裤线或双裤线。

模块四　其 他 整 理

除了以上整理之外，服装的整理还包括成衣折皱整理、辨识色差、修复布疵、磨毛整理、仿旧整理等。

一、折皱整理

经折皱整理的织物表面具有自然折痕，耐洗而不消退。整理方法有：给以机械压力和热的作用，使布面产生不规则凹凸；手工起皱，可使织物获得任何形状的折皱，自然感强；绳状洗涤，使织物出现纵向皱纹，如树皮皱；揉搓加工，对合成纤维织物进行“力”与“热”的共同作用，皱纹永久耐劳。

二、辨识色差

有些服装面料由于染色不均，在做成衣的时候又没有仔细检查面料，导致了服装的色差问题。服装本身可能就与设计色彩相差甚远，或者一些部位存在着色差，如果超过标准指数就要进行处理，处理不妥或者无法补救的话，那么服装就要降低一个等次了。

三、修复布疵

在服装加工、搬运中，可能会有一些钩挂、拉扯作用造成的问题，或者是服装面料本身的残缺，使得服装在制作成成品之后出现一些毛病。如果服装出现布疵又没有及时得到修复，会大大地影响服装本身的价值，也会给服装品牌造成一定的负面影响。在后整理这道程序中，需要对布疵进行修复，保证产品出厂时的正品率，以降低损耗、提高经济效益。布疵修复的原则是将大疵变小或者变无，以提高服装等级为准则。

四、磨毛整理

经磨毛整理的织物表面有一层短密细腻、均匀的绒毛，手感柔软，效果更显高档。磨毛的方法有多种：用金刚砂纸摩擦布面；针布起毛再剪齐绒毛；利用化学助剂使纤维膨化，并对织物进行松式洗涤产生绒毛，如磨毛卡其、砂洗双绉、电力纺、仿麂皮等。

五、仿旧整理

就是赋予新织物以“自然旧”的风格，整新如旧，较多应用于天然面料。

1. 普洗

普洗是常用的一种柔软洗涤工艺。染色面在洗涤设备中经过一定时间的洗涤，为改善手感可添加适量柔软剂，使成品自然泛旧、不缩水，且手感柔软，如水洗纯棉布、涤棉布。

2. 石磨水洗

它是使用最普遍的一种方法。需在洗涤设备中加入一种可漂浮于水面上较轻、多孔的重要物质——浮石。染色织物经磨滚，染料局部被磨去，织物表面产生自然仿旧，有时还会起磨毛起绒效果，颜色有深浅变化，手感柔软，如石磨牛仔服装。

3. 漂洗

漂洗也称漂色，在洗涤液中加一些染色脱色剂，服装颜色可得到褪色效果，经常用于平纹树皮布（用树皮纤维织制，如棉布、细帆布）。漂洗一般用于深色服装。

4. 酵素洗

在洗涤液中加入酵素粉，使面料特性产生变化，织物表面产生仿旧感，立体效果较好，手感变柔软。

5. 喷砂

目的是获得一种局部的磨损效果。在服装正常洗涤之前，由空气压缩机和喷砂装置产生的强气压射出氧化铝微粒完成喷砂工序。磨损仅限于局部，靛蓝染色的纤维在摩擦力的作用下剥离织物表面。这道工序成本消耗较高、效率较低，且对工艺技术要求较高，但能获得常规洗涤不能达到的特殊效果。

6. 套色洗

在原有面料的颜色上套一种与之差异较大的颜色，使二者颜色互相融合，颜色效果自然、特别。

模块五　成 衣 包 装

成衣包装是生产转换的最后一道作业，随后便是生产输出，同时也是整个服装生产运行链的最后一环。包装分内包装和外包装。由于等待包装的成衣数量多且复杂，同时又有不同订单号、不同款号、不同号型等，所以包装组的领班及包装人员一定要头脑清晰，按作业程序有条不紊地进行作业，以避免装袋错误等现象发生。

一、内包装的作业程序

内包装的具体作业程序如下：

（1）先把不同单号、不同款号的成衣分架吊挂，再把不同号型的成衣分架吊挂，按码号大小顺序排好。

（2）总检人员对排好的成衣按产品标准分类，抽样检验并评等级。

（3）按照待包装的成衣号型和等级号领取吊牌、包装袋（或衣盒）、封口贴等。

（4）领班向包装工进行拆衣、装袋示范。

（5）包装工拆衣、装袋前核对成衣吊牌、胶袋（盒）的款号、号型是否相符。

（6）按示范标准进行拆衣、装袋（盒）作业。

（7）包装完成后，按装箱规定的件数进行捆扎。

（8）向装箱打包组移交成衣。

二、装箱打包的原则

装箱打包（外包装）的原则包括以下几点：

（1）核对技术部下发的原始箱标与纸箱箱标是否有误。

（2）按装箱单记载的数量、颜色、号型搭配装箱，可一人搭配，一人复核。

（3）号型、颜色不齐的成衣装在尾箱。

（4）装箱时成衣必须满出箱外 2 ~ 3 cm，然后用力压下，以防运输时破箱。

（5）打包时必须竖打两箍、横打一箍，使之牢固结实。

三、装箱打包的作业程序

装箱打包的具体作业程序如下：

（1）接受内包装组转交的成衣，核对订单号、款号、号型、数量后办交接手续。

（2）成衣分款、分色、分号型堆放并做标记。

（3）领取外箱。

（4）核对箱标。

（5）编写外箱流水号。

（6）按装箱单的要求配比装箱。

（7）封贴箱口并打包。

（8）检查打包牢度。

（9）堆码待运。

（10）装入车柜。

（11）清点箱数，填写装车发运记录表。

（12）填写发货清单及放行单。

培训大纲建议

一、培训目标

通过培训，培训对象可以在企业从事服装生产车间工作，主要能从事制作工、服装裁剪工、服装生产后道工作人员等。

1．理论知识培训目标

（1）掌握服装制作基础知识、制板、裁剪、缝制和服装后整理等基础知识。

（2）熟悉裁剪车间基本生产知识。

（3）熟悉服装中裙子、裤子和衬衫基本款式的缝制基础知识。

2．操作技能培训目标

（1）掌握服装裁剪车间基本工作过程和方法。

（2）能对裙子、裤子和衬衫基本款式进行独立缝制。

（3）能对服装后整理工序进行标准操作。

（4）能认识基本款式的样板和裁片。

二、培训课时分配要求

总课时数：100 课时

理论知识课时：52 课时

操作技能课时：48 课时

具体培训课时分配见下表。

培训课时分配表

<table>
<tr><th>培训内容</th><th>理论知识课时</th><th>操作技能课时</th><th>总课时</th><th>培训建议</th></tr>
<tr><td>第一单元　服装制作基础知识</td><td>8</td><td>5</td><td rowspan="9">13</td><td rowspan="9">重点：人体测量、缝纫和熨烫基本知识，手针针法，服装加工常用设备的使用与保养、岗位职责。
难点：缝纫基本知识和岗位职责。
建议：本单元知识可以融入后面的具体操作程序中讲解，更加体现“理实一体”。</td></tr>
<tr><td>模块一　人体测量</td><td>1</td><td></td></tr>
<tr><td>模块二　服装专业术语与符号</td><td>1</td><td></td></tr>
<tr><td>模块三　服装面料及辅料</td><td>1</td><td>1</td></tr>
<tr><td>模块四　常用手针针法</td><td>1</td><td>1</td></tr>
<tr><td>模块五　缝纫基础知识</td><td>1</td><td>1</td></tr>
<tr><td>模块六　熨烫基础知识</td><td>1</td><td>1</td></tr>
<tr><td>模块七　服装加工常用工具和设备的使用与保养</td><td>1</td><td>1</td></tr>
<tr><td>模块八　服装企业岗位职责</td><td>1</td><td></td></tr>
</table>

续表

培训内容	理论知识课时	操作技能课时	总课时	培训建议
第二单元　服装制板	8	2	10	重点：国家服装号型规格标准系列、基础品种样板、正确标准的工业样板标注和检验。 难点：样板的标准标注和检验。 建议：结合具体成衣的实际生产工业样板来讲解和实践，可以采取实地考察、讨论交流、问题会诊等教学方法。
模块一　制板基础知识	2			
模块二　基础品种样板	2			
模块三　样板的标注	2	1		
模块四　成衣工业样板的缝份设计				
模块五　样板检验	2	1		
第三单元　服装裁剪	12	12	24	重点：包括验料、排料、铺料、裁剪、编号和分包等工作在内的成衣裁剪生产工艺。 难点：织物疵点的检查、铺料的技巧、裁剪工艺技术要求。 建议：教师做引导性分析，结合实际生产和工作内容进行讲解和实践。
模块一　验料	2	2		
模块二　排料	2	2		
模块三　划样	2	2		
模块四　铺料	2	2		
模块五　裁剪	2	2		
模块六　验片、打号、包扎	2	2		
第四单元　服装缝制	24	24	48	重点：A 裙缝制、牛仔裤缝制、男西裤缝制、旗袍缝制、女衬衫缝制和男衬衫缝制。 难点：牛仔裤、女衬衫和男衬衫的缝制。 建议：教师对缝制的流程和注意事项做引导性讲解，学生在教师的引导示范下进行实际成品的缝制。要求根据实际缝制过程撰写缝制实践报告，并结合具体案例进行服装生产车间的实地考察分析。
模块一　A 裙缝制	4	4		
模块二　牛仔裤缝制	4	4		
模块三　男西裤缝制	4	4		
模块四　旗袍缝制	4	4		
模块五　女衬衫缝制	4	4		
模块六　男衬衫缝制	4	4		
第五单元　服装后整理		5	5	重点：锁眼、钉扣、打套结、剪线头、除污渍、整烫和包装的作用、方法和技巧。 难点：锁眼、钉扣、打套结、整烫工具的使用和标准操作。 建议：教师对后整理的流程和注意事项做引导性讲解，并结合具体案例进行服装生产车间的实地考察分析和实践。
模块一　锁眼、钉扣、打套结		1		
模块二　剪线头、除污渍		1		
模块三　整烫		1		
模块四　其他整理		1		
模块五　成衣包装		1		